Home *is where the heart is.*

生活·讀書·新知 三联书店

Design/Myself

设计私生活

修订版

欧阳应霁 著

图书在版编目（CIP）数据

设计私生活／欧阳应霁著．—2 版（修订版）．—北京：生活 · 读书 · 新知三联书店，2018.8
（Home 书系）
ISBN 978－7－108－06187－4

Ⅰ．①设…　Ⅱ．①欧…　Ⅲ．①住宅－室内装饰设计
Ⅳ．① TU241

中国版本图书馆 CIP 数据核字（2018）第 017016 号

责任编辑　郑　勇　唐明星
装帧设计　欧阳应霁　康　健
责任印制　宋　家
出版发行　生活·讀書·新知　三联书店
（北京市东城区美术馆东街 22 号　100010）
网　　址　www.sdxjpc.com
图　　字　01-2018-3038
经　　销　新华书店
印　　刷　北京图文天地制版印刷有限公司
版　　次　2003 年 8 月北京第 1 版
2018 年 8 月北京第 2 版
2018 年 8 月北京第 11 次印刷
开　　本　720 毫米 × 1000 毫米　1/16　印张 11.75
字　　数　156 千字　图 337 幅
印　　数　52,001－61,000 册
定　　价　49.00 元
（印装查询：01064002715；邮购查询：01084010542）

修订版总序

好奇再出发

他和她和他，从老远跑过来，笑着跟我腼腆地说：欧阳老师，我们是看你写的书长大的。

这究竟是怎么回事？一个不太愿意长大，也大概只能长大成这样的我，忽然落得个“儿孙满堂”的下场——年龄是个事实，我当然不介意，顺势做个鬼脸回应。

一不小心，跌跌撞撞走到现在，很少刻意回头看。人在行走，既不喜欢打着怀旧的旗号招摇，对恃老卖老的行为更是深感厌恶。世界这么大，未来未知这么多，人还是这么幼稚，有趣好玩多的是，急不可待向前看——

只不过，偶尔累了停停步，才惊觉当年的我胆大心细脸皮厚，意气风发，连续十年八载一口气把在各地奔走记录下来的种种日常生活实践内容，图文并茂地整理编排出版，有幸成为好些小朋友成长期间的参考读本，启发了大家一些想法，刺激影响了一些决定。

最没有资格也最怕成为导师的我，当年并没有计划和野心要完成些什么，只是凭着一种要把好东西跟好朋友分享的冲动——

先是青春浪游纪实《寻常放荡》，再来是现代家居生活实践笔记《两个人住》，记录华人家居空间设计创作和日常生活体验的《回家真好》和《梦·想家》，也有观察分析论述当代设计潮流的《设计私生活》和

《放大意大利》，及至入厨动手，在烹调过程中悟出生活味道的《半饱》《快煮慢食》《天真本色》，历时两年调研搜集家乡本地真味的《香港味道1》《香港味道2》，以及远近来回不同国家城市走访新朋旧友逛菜市、下厨房的《天生是饭人》……

一路走来，坏的瞬间忘掉，好的安然留下，生活中充满惊喜体验。或独自彳亍，或同行相伴，无所谓劳累，实在乐此不疲。

小朋友问，老师当年为什么会一路构思这一个又一个的生活写作（life style writing）出版项目？我怔住想了一下，其实，作为创作人，这不就是生活本身吗？

我相信旅行，同时恋家；我嘴馋贪食，同时紧张健康体态；我好高骛远，但也能草根接地气；我淡定温存，同时也狂躁暴烈——

跨过一道门，推开一扇窗，现实中的一件事连接起、引发出梦想中的一件事，点点连线成面——我们自认对生活有热爱有追求，对细节要通晓要讲究，一厢情愿地以为明天应该会更好的同时，终于发觉理想的明天不一定会来，所以大家都只好退一步活在当下，且匆匆忙忙喝一碗流行热卖的烫嘴的鸡汤，然后又发觉这真不是你我想要的那一杯茶——生活充满矛盾，现实不尽如人意，原来都得在把这当作一回事与不把这当作一回事的边沿上把持拿捏，或者放手。

小朋友再问，那究竟什么是生活写作？我想，这再说下去有点像职业辅导了。但说真的，在计较怎样写、写什么之前，倒真的要问一下自己，一直以来究竟有没有好好过生活？过的是理想的生活还是虚假的生活？

人生享乐，看来理所当然，但为了这享乐要付出的代价和责任，倒没有多少人乐意承担。贪新忘旧，勉强也能理解，但其实面前新的旧的加起来哪怕再乘以十，论质论量都很一般，更叫人难过的是原来处身之地的选择越来越单调贫乏。眼见处处闹哄，人人浮躁，事事投机，大环境如此不济，哪来交流冲击、兼收并蓄？何来可持续的创意育成？理想的生活原来也就是虚假的生活。

作为写作人，因为要与时并进，无论自称内容供应者也好，关键意见领袖（KOL）或者网红大V也好，因为种种众所周知的原因，在记录铺排写作编辑的过程中，描龙绘凤，加盐加醋，事实已经不是事实，骗了人已经可耻，骗了自己更加可悲。

所以思前想后，在并没有更好的应对方法之前，生活得继续——写作这回事，还是得先歇歇。

一别几年，其间主动换了一些创作表达呈现的形式和方法，目的是有朝一日可以再出发的话，能够有一些新的观点、角度和工作技巧。纪录片《原味》五辑，在任长箴老师的亲力策划和执导下，拍摄团队用视频记录了北京郊区好几种食材的原生态生长环境现状，在优酷土豆视频网站播放。《成都厨房》十段，与年轻摄制团队和音乐人合作，用放飞的调性和节奏写下我对成都和厨房的观感，在二〇一六年威尼斯建筑双年展现场首播。《年味有 Fun》是一连十集于春节期间在腾讯视频播放的综艺真人秀，与演艺圈朋友回到各自家乡探亲，寻年味话家常。还有与唯品生活电商平台合作的《不时不食》节令食谱视频，短小精悍，每周两次播放。而音频节目《半饱真好》亦每周两回通过荔枝 FM 频道在电波中跟大家来往，仿佛是我当年大学毕业后进入广播电台长达十年工作生活的一次隔代延伸。

音频节目和视频纪录片以外，在北京星空间画廊设立“半饱厨房”，先后筹划“春分”煎饼馃子宴、“密林”私宴、“我混酱”周年宴，还有在南京四方美术馆开幕的“南京小吃宴”，银川当代美术馆的“蓝色西北宴”，北京长城脚下公社竹屋的“古今热·自然凉”小暑纳凉宴。

同时，我在香港 PMQ 元创方筹建营运有“味道图书馆”（Taste Library），把多年私藏的数千册饮食文化书刊向大众公开，结合专业厨房中各种饮食相关内容的集体交流分享活动，多年梦想终于实现。

几年来未敢怠惰，种种跨界实践尝试，于我来说其实都是写作的延伸，只希望为大家提供更多元更直接的饮食文化“阅读”体验。

如是边做边学，无论是跟创意园区、文化机构还是商业单位合作，都有对体验内容和创作形式的各种讨论、争辩、协调，比一己放肆的写作模式来得复杂，也更加踏实。

因此，也更能看清所谓“新媒体”“自媒体”，得看你对本来就存在的内容有没有新的理解和演绎，有没有自主自在的观点与角度。所谓莫忘“初心”，也得看你本初是否天真，用的是什么心。至于都被大家说滥了的“匠心”和“匠人精神”，如果发觉自己根本就不是也不想做一个匠人，又或者这个社会根本就成就不了匠人匠心，那瞎谈什么精神？！尽眼望去，生活中太多假象，大家又喜好包装，到最后连自己需要什么不需要什么，喜欢什么不喜欢什么都不太清楚，这又该是谁的责任？！

跟合作多年的老东家三联书店的并不老的副总编谈起在这里从二〇〇三年开始陆续出版的一连十多本“Home”系列丛书，觉得是时候该做修订、再版发行了。

作为著作者，我很清楚地知道自己在此刻根本没可能写出当年的这好些文章，得直面自己一路以来的进退变化，但同时也对新旧读者会在此时如何看待这一系列作品颇感兴趣。在对“阅读”的形式和方法有更多层次的理解和演绎，对“写作”有更多的技术要求和发挥可能性的今天，“古老”的纸本形式出版物是否可以因为在不同场景中完成阅读，而带来新的感官体验？这个体验又是否可以进一步成为更丰富多元的创作本身？这是既是作者又是读者的我的一个天大的好奇。

作为天生射手，自知这辈子根本没有真正可以停下来的一天。我将带着好奇再出发，怀抱悲观的积极上路——重新启动的“写作”计划应该不再是一种个人思路纠缠和自我感觉满足，现实的不堪刺激起奋然格斗的心力，拳来脚往其实是真正的交流沟通。

应霁

二〇一八年四月

序 设计自己

从来没有正式拥有过一只手表。

严格要在家里不知哪个角落找的话，还是会找出几只不知哪个场合、哪次聚会获赠的纪念手表，提醒你原本花过这些时间有过这么一回事。常常会想，倒不如送我更实用的闹钟吧，可是这又正犯了自家中国人的大忌。

没有手表，完全是个人喜好原因——不喜欢腕上沉甸甸的有个负担，就像从来不戴项链和戒指，怕麻烦。况且在这个争分夺秒的时世，留在室内走在街上，转身举目都是私家的、公众的时计，哪个走得快了哪个故意调慢了，我都清楚。

自己没有手表，我却还是曾经一度迷过款式层出不穷的Swatch，是20世纪80年代叱咤风云的意大利设计团队Memphis的创办人之一Matteo Thun执掌Swatch设计部门的那段日子吧。当然我也曾经被偶像级意大利建筑师Aldo Rosi为Alessi设计的有如他的建筑一样理性的诗意的Momento手表系列迷住，几番站在米兰的Alessi旗舰店里徘徊挣扎，连信用卡也几乎拿出来要付账了。还有的是杂志*Colors*的创办主编Tibor Kalman早年为自家设计工作室M & Co设计的一系列颠覆玩闹的概念时钟，后来被某家更颠覆的厂商翻版成手表：时刻数字都不按顺序，又或者故意印得迷糊像喝醉，有一个款式更只印有一个“5”字，提醒大家要下班了要去玩了——这都贴近我真正觉得需要的手表，当然，我还是最后决定不必买。在这个范围这个意义上，我的确不是一个会促进社会经济发展的积极的消费者。但换一个场合，我买杂志买书买CD买船票火车票飞机票、在旅馆在餐厅付账都比大家凶狠，我想这就是选择吧，虽然也不见得很自由。

始终相信我们应该有权去选择，在芸芸众生众物中选择出此时此刻合适自己的——何者高贵何物低贱，完全看你自己怎么定义。我只希望争取不要活在别人的指点与期许当中，找点时间和机会去真正认识了解身边人与物背后的大小故事，学懂尊重和欣赏蕴含其中的创意，尝试在这个物欲社会中、在拜物恋物之余，寻找人的弹性和可能性。简单地说，也就是在一堆精彩绝伦的设计物的团团围困当中，清楚明白如何设计更厉害的自己。

应霁

二〇〇二年十一月

目录

Contents

关于切

关于切，我知道多少？

是泰国周日市场某个成衣地摊上堆积如山的 T 恤图案？棉质、红底、粗糙的丝印上那个从一幅 1960 年旧照片绘移过来的木刻一般的头像：头戴别有五角星的游击扁帽，鬈曲长发，满脸络腮胡子，神情严肃——作为 20 世纪最有影响力的其中一幅头像，很多人穿了这件简单又时髦的头像红 T 恤去逛街去看电影去听音乐会，但不知道这个人是谁，或者也只念得出 T 恤上印着的三个字母：CHE。

Ernesto “Che” Guevara，拉丁美洲人亲切地直呼为“Che”，也就是“大兄”的意思。这位大兄的头像在 1967 年，他被玻利维亚军队和美国中央情报局逮捕并暗杀后，成了古巴大街小巷机关里家庭中奉为烈士和英雄的圣像，成为拉美甚至是世界各地游击队革命军的信仰标志，成为 1968 年以至日后各地大学生、工人、群众上街抗议游行，比如种种反资本主义、反殖民主义、反全球化、反政府活动的精神肖像符号，成为高举的横额挥舞的旗帜。当然你也会在流行摇滚音乐会的大型电子显示屏幕中看到他，在德国、意大利和阿根廷一些国际著名的足球队旗上看到他，数十本关于他的传记、他的亲笔日记、他的演讲录音、他的摄影画册、他的卡通漫画，封面上这个简单的红黑头像就是畅销热卖的保证。以他为名为号召的网页不下十数个，而且都是资料详尽、制作认真，至于把他的头像发展为蒙娜丽莎版、少女版，甚至猿人版，开了小小一个投机商品的玩笑，切的女儿阿蕾达在稍有不满的同时也觉得，这应该有某种青年男女相信的东西在里面，这是件好事。

地位超然有若诚品书店在台湾的季风书店在上海陕西南路地铁站内的旗舰店，推荐书专柜上有北京出版社 1998 年版翻译自阿根廷编著者 F.D.Garcia 和 O.Sola 的大型照片集，简单直接就叫《切·格瓦拉》。难得海峡两岸都用统一的译名，这本厚厚二百二十四页的黑白图文精印，是继 1997 年大块文化出版的《革命前夕的摩托车之旅——切·格瓦拉的拉美手记》中译之后，一本叫人一步一步走近认识了解这个传奇革命英雄的专著。

不容否认，有人亲近他崇拜他迷恋他，是因为他英俊。他那裸着上身、穿着宽大军裤、侧身半躺半坐在铺着雪白而凌乱的床单的睡床上、懒懒地喝着巴拉圭马黛茶的照片，叫他成为最性感的革命英雄。英雄当然可以性感，但革命毕竟不是请客吃饭，不是绣花做文章，革命是一个阶级与另一个阶级的激烈斗争，会颠沛流离会妻离子散会流血，会牺牲。

革命，于我们这群只乐于精于在市场地摊杀价讨便宜多买两件 T 恤的新人类而言，究竟是什么？在怀疑自己是否有能力推翻一个还未能确认的对象之前，可能首先要尝试推翻自己，也就是说，要革自己的命。

01　裸着上身半躺半坐在铺着雪白而凌乱的床单的睡床上，懒懒地喝着巴拉圭马黛茶……英雄切·格瓦拉把革命和性感微妙地联结

02　古巴首都哈瓦那街头，当年与今日大抵没两样

03　1997年4月号，日本*Studio Voice*杂志刊出整整六十页古巴专题

05　临海的哈瓦那，海边长堤正面挑战风浪

04　“他并不是全然的悲剧英雄，而是一个典范、一尊现代的‘被钉十字架的神人偶像’……”南方朔论切·格瓦拉

06　红色英雄，革命究竟是几分暴烈，几分浪漫?

07 红黑头像作为T恤、作为海报、作为旗帜，跨世纪最革命的流行商品

09 文字资料详尽，历史图片异常珍贵丰富，北京出版社1998年翻译出版的《切·格瓦拉》图集

08 烟雾中误涉家族恩怨情仇，哈瓦那当地特产雪茄名牌之一：Romeo Y Julieta

10 换一身军备用品，可否沾染一点革命气息？

11 从1909年至1950年古巴经典流行乐曲全收录，聆听古巴的最好机会

12 酷爱古董车的一众在哈瓦那街头肯定乐疯了

1928年出生于阿根廷一个开明富裕家庭的切·格瓦拉，童年生活优裕，继承了身为名医的父亲的志向，本身也在布宜诺斯艾利斯大学习医。他自身的第一场小革命，就是向从小缠身的严重哮喘病挑战，自组球队去从事激烈的美式足球运动，带着气喘药上场，向自己的命运抗争。他也像同代的嬉皮，告别女友骑上摩托，在1951年到1952年间漫游拉美，“所到之处，我们尽情地呼吸着那里的更为轻松的空气。那些遥远的国家、那里的英雄业绩、那里的美丽姑娘，都永留我们的脑海中……”他出发，是要在未知里寻求真相和答案，而当他一次又一次地面对途中各地惨遭资本主义霸权大国无良剥削的贫苦大众时，他感同身受，开始意识到解决问题只能靠行动，这个行动就是革命，一场能够真正动员起民众，了解并且参与的自下而上的革命。推翻的不仅是依附外国金钱和政治势力、在人民头上作威作福的腐败政权，更是那种为富不仁的剥削制度、那种甘被践踏的无知奴性。他在往后的革命日子里，置生死于度外，漂流所到处，点燃正义之火。他相信自己，也更相信人民。能够把平民百姓从危苦中解脱出来，是他最原始最基本的革命目标，也因为这样，他无私，他奉献，他漂亮。

把切的头像画片夹在自家的日记本

里，把印有他头像的T恤穿在身上，我们企图提醒自己，三十多年前有人为一个纯真的浪漫的崇高的理念而死——其实在这场从未止息的革命中，捐躯牺牲的又何止切·格瓦拉一人，风云际遇，历史成就了一个传奇。他在生前从来就反对个人主义，即使在古巴时期是位高权重的领导人，他也经常出现在码头卸货、农地砍甘蔗，没有人怀疑他在作秀，因为他永远像小孩一样率真磊落。

在那摄影专辑里数百张他的珍贵照片中，我们看到一个永远穿着军服的永远革命的切，看到一个与菲德尔·卡斯特罗、赫鲁晓夫、毛泽东在握手在交谈的切，也看到更多他与各地民众、游击队战士，与母亲与妻子与孩子在一起的情景。巴黎清晨3点，他与萨特和西蒙·波伏娃谈的是什么？把招牌胡子剃掉装扮成像马龙·白兰度教父造型为了掩人耳目潜逃国外的他，衔着雪茄又在想什么？8岁时候与一群童年友好在高尔夫球场的旧照，10岁时在野外装扮成印第安人与母亲和弟妹的合照，以至那震撼世人的遇害以后尸体在洗衣房被一众军官向国际媒体展示的遗像，叫人不得不想起基督蒙难的画像，正如南方朔先生论述：“他的努力终究产生了一种超级大国不再敢于对中南美洲任意欺凌剥削的新历史情势。他并不是全然的悲剧英雄，而是一个典范，一尊现代的‘被钉十字架的神人偶像’。”

在风起云涌的当下，我们好奇切，崇拜切；我们阅读革命，想象革命。我们可能透过商品认识他，但我们知道他不只是一件T恤、一本书或一张唱片，他有血有肉，他上下探索，他关怀，他人性，他做梦，他是革命。

延伸阅读

切·格瓦拉，《革命前夕的摩托车之旅》，梁永安、傅凌、白裕承译，台北：大块文化，1997。

费尔南多·迪取戈·加尔西亚等，《切·格瓦拉》，徐季琼、李志华译，北京：北京出版社，1998。

中国社会科学院拉丁美洲研究所，《拉丁美洲历史词典》，上海：上海辞书出版社，1990。

从下而上

推门进来，两个小男生，一个高高瘦瘦，一个壮壮的，跟我点头微笑，一看，同样都是精灵得可以的十七八岁，阳光满脸，青春逼人。

哥俩儿径自走到柜架那端，第一时间，随手拿起鲜橘色塑料外壳，掀开内藏全银色的铝质手电筒，拎起感觉一下沉沉的分量，走过来，开口："还有没有多的，我要，他也要。"壮壮的男生跟我说，语带兴奋。

还好还好，昨天才新到的货，闻风而至或拨电话来预留的把货都抢得七七八八了，你们一人要一只，还足够配给，我笑着说——高瘦男生正在拨手机，跟电话另一端的谁在对答："还有货，你也来一只吧，真的酷毙了……"结果，两人买走了四只手电筒：合共港币二千七百六十元整，心满意足，一阵旋风地走了。

我也许是个幸运的能够维持一定营业额的售货员，但看来不是一个合格的好的售货员，因为我在短短的与这两个顾客的接触时间里，完全没有提到这只我自己着实也喜欢的铝质手电筒，是当今红得厉害的产品——家具设计师 Marc Newson 于 1997 年替意大利著名灯饰厂商 FLOS 设计的产品，去年正式投入生产推出市面，全铝的柄身，柱头成球体又有深刻坑位，科技未来感觉强烈，加上一个橘色的塑料外壳，包装利落，先声夺人。说它不过是手电筒一只也当然是，但新晋大师的一项拎在手里也算沉甸甸的设计品，相对他其他价值不菲的家具产品，这已经算是一般人还该负担得起的实用收藏。刚才两个小朋友，是久仰 Marc Newson 大名，是以他为奋发追赶的学习榜样，还是翻了一下潮流刊物看了一眼这酷酷怪怪的（其实也颇粗暴颇男性的）产品外形，就随手刷刷信用卡，先买为快！？

看上了看中了，喜欢就是喜欢，要买就买，这本来是简单不过的消费行为模式，但我想我是介意的，尤其身兼一个经营销售者的角色，我始终不希望我的顾客买走的只是一个外在形体，甚至只是一些聪明包装，我期望他们能一并买走产品背后的创意理念，感受到那贴身甚至超前的时代气息，能够与设计者、生产者互动沟通交流，能够拥有那么一点态度一种反省——天啊，我是多心多虑，为难自己也为难别人了。

唯有寄望的是，这一只被买回家乖乖躺着偶尔发光发亮的手电筒，自己也有感染力也会说故事——

可知道现在经常上报纸杂志成专题访问对象的束一辫马尾的帅哥 Marc Newson 在家乡澳大利亚悉尼近郊出生数月后，生父就抛妻弃子一走了之，小子由母亲一手独力抚养长大？

可知道年幼的 Marc 随母亲漂泊打工，穿州过省这里半年那里数月，12 岁的时候在欧洲转了一圈然后落脚伦敦一年，回澳大利亚后又随母亲跟着继父到了韩国，究竟他有没有好好念过书，他也说不清楚，唯一认真的大抵是上美术课和课后在希腊裔的木匠外祖父的车房工场里钉锤拆嵌，构建自己的机械小宇宙？

可知道现在定居伦敦，在 Paddington 车站附近拥有漂亮房子以及运作一个在 West End 有十数员工有完善设备的设计工作室的 Marc，曾经穷得要匿居在模特儿女友东京郊外宿舍房间的衣柜里；要在巴黎 Rue Saint-Denis 红灯区住一个不见天日的小隔间；要在伦敦寒冬的恶劣天气里，在小房间露台搭一个临时帐篷，才有足够位

01 1997 年替意大利家具品牌 Magis 设计的衣架，用了神话大力士 Hercules 的名字

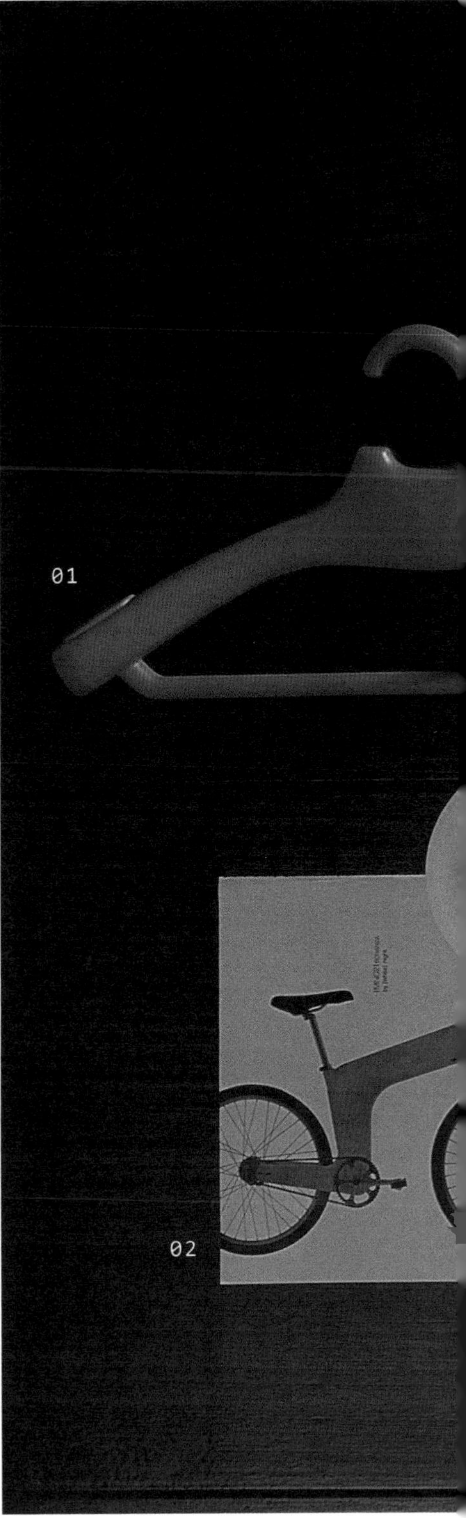

02 1998年替丹麦脚踏车生产商Biomega设计的MN02型号，用了不用焊合的fabricating aluminium的先进生产技术

03　1997 年替意大利灯具名牌 FLOS 设计的“重量级”手电筒，2001 年推出市面

05　早于 1995 年为伦敦餐厅 Coast 设计的室内装潢和家具组件，是当年 Marc 的一个大好曝光机缘

04　Marc Newson 的迷哥迷姐朝拜早晚课必备的厚厚的二百页历年作品专集，特制塑胶盒精装得不得了

06　帅哥设计师始终占上风，Marc Newson 是一众设计以至潮流时尚杂志的封面宠儿，1994 年 2 月号英国 *Blueprint* 杂志，巴黎街头他双手高举桌身中空的铝金属成品 Event Horizon Table

07 不得不珍惜时间：因为时间等于金钱。IKEPOD 这个高价手表名牌是 Marc 跟瑞士友人 Oliver Ike 的合作投资

09 1999 年为福特车厂设计的实验小车 021C，叫人马上成车迷、车痴

08 厨房中当然少不了他的影子，工作台上放的是玩具一样的晾碗碟架 Dish Doctor，1997 年 Magis 出品

10 从小迷上库布里克的*Dr.Strangelove*电影场面，Ken Adam为詹姆斯·邦德系列设计的科幻布景更是Marc的童梦场所

11 不是水壶，是注满水成为门挡的一个搞怪设计

12 有什么比从外到内设计好一架飞机更酷更High？Falcon 900B私人商务客机，Marc的一个会飞的梦的实现

置实验他的用玻璃纤维做间隔结构的抽屉 Podof Drawer（几年后这个一鸣惊人的设计被法国时装“坏孩子”Jean-Paul Gaultier 赏识收藏），为了不让玻璃纤维因室外温度太冷而不凝固，他只好整晚用吹发器去暖帐篷内的冷空气。

当然大家也会从 Marc 的众多访谈中得知，他母亲原来也有不俗的设计品位，在建筑师事务所当秘书，耳濡目染，家里更不乏当年意大利设计师的前卫设计家具和家用品，Enzo Mari、Joe Colombo、Le Corbusier 等大师的名字，都不是陌生和遥不可及的。

更为人津津乐道的是，Marc Newson 当年勾留日本，替位于东京南青山家具店 IDÉE 的老板 Teruo Kurosaki 设计生产一系列自家家具产品的时候，被引荐认识了已经如日中天、家喻户晓的法国设计怪杰 Philippe Starck。Starck 识英雄重英雄，十分乐意提携有真材实学的后辈，也就马上把 Marc 推荐给意大利灯饰厂商 FLOS，叫他从此搭上了国际直通车。Starck 也在自己为纽约 Paramoun 酒店做的设计案子里，用上了造型和物料都叫人眼前一亮的 Marc 的早期设计 Lockheed Lounge，此一曝光非同小可，Marc 一夜间成为国际设计传播追逐采访的对象，这张全铝片手工钉嵌的躺椅，也马上出现在麦当娜当年大碟主打曲 *Rain* 的录影带中。

传媒的追捧力量不容忽视，但 Marc 也十分警觉并且介意，不希望别人只当他是一个潮流型的逐浪宠儿。他在一众一线产品家具设计师中的确是长得特别帅特别阳光特别年轻，这没办法，也只能当成是上天恩赐，但幸好也没有人怀

疑他的创意、他的勤奋、他的努力：从童年时代为 Ken Adam 给 007 电影设计的未来科幻布景，和库布里克的《奇爱博士》（*Dr. Strangelove*）电影场面着迷开始，直至他在大学时代选择了雕塑和首饰设计科目，到毕业后在自家小工场用泡沫塑料和铝片制作深受滑浪文化影响的家具造型，一方面有迹可循，另一方面也叫人惊讶他的天马行空。如此下来十数年，在我们消费者一众面前出现的是独特新奇的 Marc Newson 产品造型，各种不同的大胆的物料应用，厉害地带领流行颜色组合，从价值四千万美元的一架私人飞机到十美元左右的一个挂衣架，Marc 的设计里有躺椅有衣柜有地灯台灯有沙发，有盐瓶胡椒瓶有手表有杯盘碗碟，连晾干碗碟的架子隐在大门后的门挡自行发光的数字门牌都有，近年更刁钻更放肆地为福特车厂设计了叫人心痒的概念小车（哪天他生产哪天我就决定再考车牌），为荷兰单车品牌 Biomega 设计的车身无须焊接的铝架单车，还有那一时无两高贵得高高飞在天上的 Dassault Falcon 900B 私人飞机室内装潢，荧光青绿的机舱主墙、银灰回纹地毯、亮黑漆料折叠桌面、银框黑皮超大沙发，再加上 OP-Art 迷幻圆点图案的机身装饰，也真是红得发紫如他才会有此难得奢侈的机会。在一众显赫设计厂商如 FLOS、B&B Italia、Iittala、Magis、Cappellini、Alessi 的簇拥下，Marc 还是精力旺盛，经常为大家带来意外惊喜。实在不晓得那两个青春小男生是否打算修读设计、开始创作，身为计算机新一代的小朋友大抵不知道 Marc 还是在拍纸笔记簿上画设计草图，他也决定永远不会也不必用计算机来做设计构思，一笔一画在纸上涂涂画画的未完成的不完美的感觉，叫他安心踏实，叫他依旧兴致勃勃。

当被问及为什么要设计，要制作生产一件又一件的生活产品，他摸摸头然后说，他常常很失望地走在街上，因为怎么也买不到自己喜欢的东西，所以他就设计自己也会愿意买的东西，就是这样。

当被问及他怎么看一向被人称作“down-under”的澳大利亚本土设计环境，他笑了笑：澳大利亚人天生懂得出走，从下而上左兜右转，今天是今天，明天又是另一天。

延伸阅读

Rawsthorn, Alice,
Marc Newson,
London: Booth-Clibborn Editions, 1999.

(Ed.)Fiell, Charlotte and Peter,
Designing the 21st Century,
Koln:Taschen, 2001.

Stanley Kubrick Collection,
Dr.Strangelove,
1999 Warner Home Video.

www.marc-newson.com
www.ikepod.com
www.biomega.net

忘掉忘不掉

不知怎的，逛起玩具店来了。

有意地避开当季的显赫名声的超越前卫的服装和饰物，也对那些刁钻极致的高档家居陈设叫闷生厌，也许是一度太投入忘情，忽地惊觉浮华得脚不着地，连心也虚起来，我需要什么？我不需要什么？

然后经过玩具店，在这里在那里，常常是不怎么起眼的，却有磁铁一样吸引力的小店。是一头小小的全身茸茸的黑黑的小猪，是一只手工原木雕刻的熊，是又笨又重的铁铸小轿车，是一组几个彩色塑胶球，用力掷地会弹跳得老高的那种，还有还有，都是曾几何时身边的玩具，不知何时何故又从身边走开了。如今静静地待在橱窗里，有意在等早已成人的老朋友。

借口买点小礼物送给谁，然后这些玩具到目前都好好躺在我家的窗台边。目的其实再明确不过，希望凭借轻轻提起的这一个布偶那一辆铁车，重拾早已失去的童稚的好奇直觉和勇敢果断，我对翻出一堆儿时旧照来怀旧一番没有什么兴趣，倒是愿意天真地开始新鲜的又一天，纵使隐约知觉孩童的世界也可以很孤独很残酷。

这就完全可以解释为什么我和身边一众不怎么愿意长大的友人，对日本艺术家奈良美智（Yoshitomo Nara）的大眼小女孩、梦游小男生、高脚狗和各式动物布偶会那么着迷，他大抵也就是我们这一代软性一点的代言人。

刚刚在横滨美术馆结束第一阶段巡回的奈良美智作品展，有一个暗暗煽情的标题：I Don’t Mind，If You Forget

Me。如果你要把我忘记，我不介意——又或者，我没话说。

那是展览的最后一天，晴朗无云的一个秋日星期天。横滨港口旁偌大的展览场还是挤得满满的，来的大多是年轻人，主题作品面前大家安安静静地抬头望，上千个奈良美智创作的人物、动物造型的布偶给塞在墙上做成英文字母状的塑胶箱内，清楚读过去就是展览题目“I DON’T MIND，IF YOU FORGET ME”。大字下还有一列各式各样我们在某月某日丢掉了的旧玩具。然而展场的另一面把 YOUR CHILDHOOD（你的童年）反写打印在墙上，靠一面大镜让观众在堆满玩偶的镜中同时看到自己。主题清晰不过，陪伴我们成长的，我们总是无情地随便地摒弃，只是看到了一个什么时候，我们一不留神把自己也给丢掉了。

沿路走开去，有三对比真人还大的塑胶娃娃，穿着裙子站在跳水台板的边边上，伸舒开手将跳未跳，在兴奋和危险之间。也有由七个长着羊耳朵的雪白塑胶娃娃头叠成的十英尺高的柱体，眯成一线的眼里流出清水眼泪，水汩汩地沿着脸庞流到下面盛水的一个特大咖啡杯中，题为“Fountain of Life”，生命之泉点滴都是眼泪。然后大堂一侧有一间以木板临时盖

01　奈良美智亲口对我说不喜欢自己的作品成为流行小玩意，所以面前这个娃娃头小襟章说不定可一不可再

02　奈良的女友——女作家吉本芭娜娜说过：友侪当中他最有能力成为杀人凶手……

03 娃娃看天下：季诺的玛法达，奈良美智的大眼大头邪女孩……

05 一只好奇的小猴子大名叫佐治，它穿着睡衣守在我的床前

06 巴黎目黑区服装小铺买来的碎布拼缝成的布熊，笨笨蠢蠢一见钟情皆因如照镜见自己

04 《摇篮曲超市》（*Lullaby Supermarket*），迄今最完整齐备的奈良美智作品全集

07 美国出版的搞怪亚洲流行文化杂志 *Giant Robot*，封面自然少不了奈良的怪娃娃

08　当年现场买来的展览场刊，终于得到画家本人的亲笔签画，过足小画迷的瘾

10　一头乱发的手工布娃娃，手绘的眼、鼻和嘴，是一对德日夫妇的小型工作坊 Nan Chen 的创作

09　女孩题材永远在潮流中心，2002 年 9 月改版后的日本杂志《流行通信》马上来它几十页 Girls 特辑

11　国际设计家联网 *IdN*，也找来奈良的愤怒女娃做封面主角，更把画家请到香港出席 2002 年 9 月的 My Favourite Conference

12 众布熊中有这一只穿一身蓝地白花布裙的女生，当年在阿姆斯特丹跟她遇上了就再没有分开

13 牛奶糖果 milky 的小女生，一天到晚吐舌头，肯定是奈良娃娃的表姐妹

搭的小屋，涂满白漆的墙上一线贴满了奈良手绘的原稿，全都是在废纸和原稿纸正面背面的涂鸦，画的主角都是他的长着邪邪大眼睛的永远长不大的小女生，或乘着云飞在天上，或半身浸在水里，或挥着拳头，或提着一柄刀，或穿着猴子毛衣坐在马桶上，还有是抱着心爱吉他却不在唱歌……其中一张小纸片上有这么一句话：我们已经没有将来但我们还得创作！这难道就是奈良美智夜以继日环绕同一主题不停画不停画的原因？

1959 年 12 月 5 日出生的射手座，奈良 43 岁。他是那种 4 岁就懂得绘画的天才小画家，可真的是四十年来从来没有放下过画笔，而且是理所当然考进顶尖的武藏野美术大学再留学德国的那一种精英。唯在够苦够硬的传统绘画基本功熬过来之后，他选择一步一步地走回童年，笔下出现的完全是幼稚天真的个人小宇宙。童画一般的造型和色彩，看来纯真轻逸的感觉，吸引了大批年轻的不是博物馆和画廊常客的观众。而且他们都看得懂，不把奈良的作品看成高档的艰深苦涩的，愿意和创作者一道，在日常生活中寻找回忆痕迹，跟作品中小女孩、小男生一道，经历孤独、离弃、迷途、无家可归种种我们这一代的共同经验。

和他的看来乖乖的形象形成很大冲突的是，奈良美智最迷的音乐是绝不甜美的Punk（朋克），当中的无政府、反叛、毁坏欲，其实都悄悄地依附在他的画面和人物造型中，他用德文、英文和日文涂写在画面上的片言断句，也常常就是似有还无的没办法回答的问题：“Do you stay true to you?” “In communication with stars.” “I think, therefore I am... a dog.”

也就是这种轻轻软软，很能代表日本新生代价值观人生观的艺术创作，叫奈良美智在这数年内蹿红为国际艺坛上炙手可热的新星，迷倒大大小小观众。论者往往拿他的作品与漫画经典男生 Tin Tin、史努比狗对比，也认为他笔下小女生的面相其实和传统日本能剧的面具及浮世绘的工笔仕女一脉相承。其实还是跟他私交甚笃的女作家吉本芭娜娜说得好，奈良美智的世界是绝对的冷静平和，但他也是友侪中最有能力成为杀人凶手的一个。无论他明天就死去或者活个长命百岁，他都会孤独地用最大的能量去活一次，去画着画着，an artist is born and not made，当你遇上他你就知道是碰上了 real thing。

一直翻着他的展览场刊，忽然在封底内页看到印着这么小小几行：在展览题目“I don’t mind, if you forget me.”之后，还有“because you never forget me, I never forget you...”其实不管忘掉还是忘不掉，忘掉的是自己，忘不掉的也是自己，这是一个愿意在玩具世界里永不长大且永远不能长大的自己。然后又让我发觉负责印制场刊的出版社叫淡交社，这大抵也不是个巧合吧。

延伸阅读

Yoshitomo, Nara, *Lullaby Supermarket*, Nürnberg: Institut für moderne Kunst Nürnberg, 2001.

Yoshitomo, Nara, *I don’t mind, if you forget me*, Kyoto: 淡交社, 2001.

Takano, aya, *Tokyo: Hot Banana Fudge*, Hiropon Factory, 2000.

一减再减

他是 Maarten Van Severen，记不住他的名字的话，就把他忘掉算了。

反正这位来自比利时的老兄真的不在乎，他这么努力地去完成这么简单的东西，这些东西这么平凡地在你我身边有一千几百件，他愿意你把他也只当作一个平凡普通的人，就像什么也没有发生过一样，这就很好了。

还是要继续用余下篇幅花一点我的精力用一点你的时间，不放走这个未懂得怎样正确发音的名字，只因为他实实在在厉害，当今时世，稀有罕见。

他是有一点魔法还是有什么，叫我着了迷也完全说不出为什么——其实是某一种一见钟情，已经迷迷糊糊又怎么说得清楚。赤裸裸，如此就在眼前，桌是桌，有四只脚加一块平面；椅是椅，四条腿加一个座位；书架是个悬空的框，沙发其实是张床，躺椅自己躺下了，一折再折，诱惑你也躺进去，物我两忘。

Maarten 老兄最怕人家把他唤作设计师，Designer 这个标签误人子弟坏了好事。稍稍聪明的和敏感的，都乐于同时有 N 个身份，而且手中每桩每件都井然有序按自己的想法自己的步调完成。面前的勤奋中年同时是个建筑师、设计家、艺术家、儿子、父亲，反正自己也得好好地生活，总得要找一把坐得舒服的椅子睡一铺清洁的床，四处搜罗寻找不获，就索性替自己做出一整套各式各样的家具，想不到马上迷倒了同道的一众人，而且众口相传，一时成为小圈子当红偶像。

01　2001年3月号英国*Blueprint*杂志上Van Severen难得露面，背后是他1993年设计的彩板滑门储物柜

Maarten最最擅长的，就是减法，而且一减再减不亦乐乎。他的椅他的桌，仿佛自远古以来就存在，只是他动了点手脚，保证没有任何多余的细节雕饰，干净利落到了极限——有好事的自然就搬来简约美名冠在他老兄头上，他对此有点反感，敬告大家他其实一点也不简约，倒不如称他为Maximalist多多益善，因为他自觉付出了大量的精神时间追求所要的终极效果，途中所要为自己添加的能量来自大量的阅读、广泛的讨论，吸收消化然后实践失败再实践。这分明是一种加法，然而越加为的是越减，这种苦心经营跟本来就单薄得减无可减的状态有根本的区别。

也是因为曾经拥有，所以舞弄起减法的利剑就格外潇洒。这跟年近岁晚要把衣柜里多年东买西买其实从未穿过用过的东西一并暴露于人前送给慈善机构倒有点像。学会如何在这个纷乱繁杂的大环境中坚持行使减法，放得下那似是而非象征权力金钱和欲念的包袱，实在不是一件像说说那般简单容易的事。

Maarten的老父、同样是艺术家的Dan Van Severen曾经对儿子说过：艺术从虚空中来，渴求的是那种难以捉摸的状态——这未免说得有点太玄太需要反复解释了。作为儿子的倒是实实在在地在生活，一种

02　大师杜像的Ready-mades系列，1917年的老古董于1964年成为前卫艺术

03　1994 年的创作，矮身铝柜有一种洁净坦荡的性感

05　可躺可坐，沙发和床本就无界线，1997 年为意大利品牌 Edra 设计，蓝白两款，涂漆乳胶材料

04　三十岁生日当天收到的第一份心爱礼物，Thomas Ericksson 的白色十字架药盒，一直放着，空空的，无病无痛

06　最讲比例最有分寸，难怪身边一众好友都爱尺如命。厨具品牌 Bodum 的精彩铝尺，Van Severen 可有一把?

07 三加三等于六，铝脚可拆下自行安装的六脚办公桌是Van Severen1997 年替比利时 Bulo 办公家具厂设计的，一贯的简单利落

09 香港陶艺家罗士廉的作品，可以是乐器，可以是时计，可以由你想象

08 老祖宗早已明确指引，一减再减是软智慧硬道理！

10 桌是桌，椅是椅，书柜方方七格，躺椅有如扭曲定型的宽面条，越是简单越见真功夫

11 编号 03 的铝脚钢身单椅，1998 年为 Vitra 家具厂做的设计，红、绿、黑、蓝四色方便叠放

12 就单单因为书名而立刻买下的价值港币三百七十九元的有九折的 *Less is more*。1996 年巴塞罗那简约主义建筑展的精装场刊

有选择的精致的生活。当然他也挑剔地继承了老父那种“虚空”的精粹，那种净化了升华了的艺术 / 生活境界，叫人向往令人心动，叫我一见钟情的大抵也就是这种氛围。

成名走红前的好长一段日子，Maarten 的家具工作室是用这样的一种方式运作：手工做了一张仅此一张的桌子，人家走过很喜欢把它买走了，就重新再做一张，先前的这张和后面的这张像是孪生，也实在不一样——有的时候完全换了物料，从木头变成全铝，有的时候是比例的伸缩，反正就是怪怪的长长窄窄的叫人过目不忘，椅子如是，书架衣柜如是。直至后来实在太多注目招引来欧洲几大家具厂商的罗致，诸如 Vitra、Edra、Bulo 等品牌，现时都在生产 Maarten 的签名作，而且极少出现在家具大展摊位中为作品宣传推广的他，忽然成了一众媒体争相采访的神秘设计偶像。

从来克制矢志奉行减法的他，没有因为日渐走红而放弃原则宗旨，1997 年替 Edra 设计的一张以乳胶泡沫纤维做主要物料的沙发床，就是一张简洁得惊人的作品，一张长方的厚垫上面有一方长条做靠背，就此而已，这样的出场本身就是一种反叛行为，挑战别的沙发床铺的存在——即使

你在十分欣赏之余也并未打算付一个不菲的价钱去把它买下，没关系，它已经在你的面前凭其质量，凭其精神的、智慧的、宣言式的出现，抵抗住日渐性格模糊、不知所云的设计商品大势。正如何怀硕先生早在 1985 年就在题为《减法》的一文中有先见之明地指出，现今“庸俗化的社会，就是数量击败质量，物质战胜精神，感官泯没心智，权势压制公理并囚禁智慧，实利蒙蔽正义而腐蚀了官庙与人心”，如此社会，就更需要如 Maarten 一类的创作人生产者，以实际行动以“减”挑战“加”，“不以贪多好大，婪求无餍，造成一切繁缛与壅塞，成为我们生活现实中的症结”。

一减再减，返璞归真，我们的老祖宗其实早已（在我们的移动电话和电邮中？）留言：老子所言的“大音希声”“大象无形”“大巧若拙”“五色令人目盲；五音令人耳聋；五味令人口爽”，庄子所说的“天地有大美而不言”“朴素而天下莫能与之争美”“淡然无极而众美从之”，都是一种减法的思考。我们日日夜夜不停地生产消费买卖，耗尽力气的一举一动，是无聊地吹皱一池春水，还是不自觉地搞坏了一锅粥？加料为了竞争为了求存，问题是加的又是什么料？

坊间热衷于排毒减肥瘦身的一众，按道理应该懂得欣赏 Maarten Van Severen 家具作品轻巧流丽的美。说来也是，那天碰到的 Maarten，红光满脸精神爽利，人到中年腰腹没有常见的“轮胎”，恐怕要招惹纤体健美中心也打他的主意。

延伸阅读

Bekaert, Geert, *Maarten Van Severen*, Ghent-Amsterdam: Ludion, 2000.

Vittorio E.Savi & Josep M.Montaner, *Less is more*, Barcelona: Collegid'Arquitectesde Catalunya, 1996.

(Ed.)Antonelli, Paola, *Workspheres: Design and Contemporary Work Styles*, New York: MOMA, 2002.

庄子原著，黄明坚解读，《庄子》，台北县新店市，立绪文化，2002。

老子原著，黄明坚解读，《老子》，台北县新店市，立绪文化，2002。

如何生活是好？

时为1999年9月，书报摊上新鲜热辣的*Martha Stewart Living*特刊出现了老板玛莎本人，一头金褐色短发松松的，一袭低胸银白钉珠片蕾丝古董吊带晚礼服，披一条如蝉翼般薄的镂花黑披肩，一串价值不菲的珍珠项链很亮眼，经典的露齿笑容向一众读者（据说她的杂志现时每月刊行二百四十万份！）举起古董水晶香槟杯，提早贺千禧——当然这一切早有准备机不可失，过年过节没有了玛莎指点怎么办？何况是千年难得一次机会。

特刊逐页翻，一堆名牌时装香水香槟家具婴儿用品化妆品音响巧克力公益广告厨具当中，玛莎以女主人身份引领大家如何为自己为亲戚朋友买贺年礼物，如何做应节小贺卡小灯笼还有用口吹会发声的小纸卷，如何做待客的鸡尾酒（粉红葡萄柚汁加石榴酒、苹果西打加姜加玉桂粉、有香料的热牛奶，诸如此类），如何清理派对中不慎打翻的酒水，如何处理喝剩了的香槟，如何做蛮有纪念性的时间表，重头戏是如何做一本让你的宾客留名留言的纪念名册（手写的即影即有的剪贴的各有其式），突然有一辑五大页教你如何看掌相问前程，接着是教你如何用一切海里的美味做三层高冷冻海鲜盘，外景部分是女主人带领一众友好到缅因州岸边看日出，顺道穿同一款式（男的粉蓝、女的粉红）的睡袍吃一顿丰富得惊人的早餐，有现烤苹果薄饼、燕麦糊、蓝莓小蛋糕、香槟浸的萄葡柚和柳丁切片，咖啡或者茶，不要忘了一切餐具当然都有玛莎出品的标志，餐巾也绣着“MS”两个字母……没完没了的还有各式应节食谱，从高档次的鱼子酱鹅肝酱烟鲑鱼陈年老酒到最家庭最乡村的传统菜式，餐桌的摆设、碗碟颜色与鲜花的配合，有条不紊绝无错漏，作为读者的你可以安心，有样学样参考参考，大节当前不会在乡里坊众面前出丑。

走进我的乱七八糟的储物间，攀上铝梯架一看柜顶的杂志丛，赫然惊觉自己原来也是玛莎的多年小读者，最早的一期是1995年1月号总第15期。断断续续地，玛莎和一众手下教我怎样过一个传统的美式的圣诞节、复活节、万圣节、情人节、感恩节，其实在此岸的我实际过的是中秋节、端午节和春节。玛莎也教我怎样在East Hampton的乡间度过一个印度风的初夏，怎样在深秋老林中观赏各种山毛榉树多变的树叶颜色，至于橘子家族一共有多少弟兄姐妹及如何食用，七种颜色玫瑰花怎样插在一起插得好看，一铺床该怎样理得整洁，一切一切好像有关生活的，玛莎都有独门方法。细心看清楚，其实也不是什么创新得突出得厉害，但就是看来不讨厌，静物照片干净利落，食物照片足够引起食欲，尤其当你早已预知生活无甚惊喜，一旦翻开这些没有血腥没有暴力舒舒服服的版面，也就乐于跟随这个万能导师做做这有品位的白日梦。

当然玛莎本人绝对不是在做梦，根据2001年11月号《名利场》（*Vanity Fair*）杂志专访报道，她一天睡那么四五个小时，但她比谁都清醒——

作为全美白手起家的最富有女人的第二名，她的上市公司MSO（Martha Stewart

01　老板亲自出马教你做蛋糕，还教你如何对着镜头笑得真挚

02　出得厅堂入得厨房，全方位做一个完整的女人

03 年届六十的玛莎，穿一身Jil Sander和Michael Kors，脚踏Sergio Ross高跟鞋，和她的爱犬chowchow在她的纽约曼哈顿下城区哈德逊河畔新近装潢好的集团总部晒太阳

05 适当的高贵，适当的异地风情，玛莎永远有适当得有点样板的品位

04 难得有心人，有心狠狠地生活，而且活出生意一盘

06 订阅一个中产的美国梦，还有折扣

07　不小心打破了碗碗碟碟，玛莎自有补救办法

09　当然还少不了刮风天必备的豆豉鲮鱼

08　反推销，介绍玛莎这罐中国产午餐肉

10　永远美好的封面，永远有希望的生活

11 因生活之名，怎能不出产自家品牌的油漆？

12 纽约曼哈顿下城区哈德逊河畔十五万平方英尺MSO总部，俨如全天候礼拜生活教堂

Living Omnimedia）有五百名员工，有一亿二千七百万美元现金，没有负债，千禧年纯利四千万美元，她自家的纯资产估计有七亿美元，去年年薪连花红有二千七百万美元。在她占权百分之九十六的公司MSO旗下，有主打杂志 *Martha Stewart Living* 及 *Martha Stewart Weddings*，亦有不定期特刊专为婴儿和幼童设计内容，合共读者群过千万人。两档电视节目，其一与杂志同名，在CBS电视台一个星期播出六天，每天一百六十万观众。二百三十三份报纸连载她的两个家事专栏，二百二十七间电台播送她的录音节目，互联网站marthastewart.com有一百七十万登记用户，每个月上网点击次数过百万，网上及邮购服务有三千多项家用杂货可供选择，还有卖花和卖贺卡的专题网站，两个系列的家用油漆，为大型超市Kmart提供约五千项现售货品，总销量长居首位……如此大宗的营生，全因生活之名。

一口气翻阅面前二三十本厚厚薄薄的 *Martha Stewart Living*，忽然觉得自己其实在翻着通书皇历，小寒大寒立春雨水惊蛰，春分芒种大暑白露，嫁娶迁徙祝寿丧葬，图文并茂巨细无遗。为了向读者观众听众网友展示玛莎都懂，凌晨四时半起床，五时后开始复电邮，六时开始晨运行走三千米，每天早上从七时半开始，女主人的一举一动，几乎都被摄被录，身边永远团团围住的是秘书化妆师服装统筹美术指导布景道具厨师园丁，还有进进出出的产品设计师室内设计师建筑师。她的位于康涅狄格州的大本营 Turkey Hill 是二十四小时全天候内外景场地，几乎每个角落都在她的三十四本著作和过百本期刊中出现过，缅因州 Mount Desert 岛的七十五年历史豪宅 Skylands 占地六十一英亩，五十个房间、二十三个睡房、一个壁球场、一间教堂也自然成为更高贵的片场。

近日最为人谈论的，是玛莎在纽约曼哈顿下城区哈德逊河畔的 MSO 总部，十五万平方英尺的办公室 / 货仓 / 物流中心由旧工厂翻新重修，玛莎指定建筑师要建构一个像大师莱特混合未来主义电影 *Brazil* 的工业用教堂的风格，白墙灰水泥地大量通玻璃间格，玛莎要什么有什么，全体员工也因此坐着 Eames 的经典铝架系列办公椅，而且是白漆皮版本。

如果你还抱怨生活迫人，请看看玛莎女士就是这样迫着自己去生活，而且迫出几亿身家。有学者批评玛莎无内涵太表面，制造一种幻象（理想？）生活，说得也对，不幸言中，其实大多数民众的典型美国梦，也就是如此而已。

德高望重的前辈级家事厨艺专家 Julia Child 有回被记者问及她对玛莎的意见，Julia 客客气气地恭维了一下，然后指出玛莎的不足在于她常常把大小家务常识都当作自己的发明创造，言下之意是她谦逊不足野心太大——来自波兰移民家庭的玛莎，十二年前在经历了一次颇为高调的婚变之后变得更发愤更独立，更专注于杯盘碗碟厨艺插花，更懂得经营自己——这也是有血有肉的生活，如何是好，不必担心，她会教你。

延伸阅读

Martha Stewart Living.

Martha Stewart Wedding.

www.marthastewart.com

调羹的启示

开始的时候是三只绿色的玻璃瓶。

高矮肥瘦，各自各，又明显的是一家人，都在哪里碰过面？是喝了一整晚的酒喝出来的一堆当中的三个？又有一点像老式药房里笨重的厚厚的深褐色玻璃瓶的表兄弟，仿佛从来都在那里，就等你有一天把他们看上一眼，然后捡回家。走近一点看，其实瓶口倒不像一般酒瓶，都格外地扁平横向，是小小细节变化的所在。在想这三个瓶子的实际功能之前，不知不觉已经爱上了。

怎么把这三个瓶子买来带回家呢？在米兰，在伦敦，甚至在纽约都挣扎过。考虑到自己已经一行李的书和杂志，重得不像话，恐怕无法抽身特意照顾这三个宝贝，也就一次一次又一次地推辞这个拥有的决定。甚至到了一个其实不是我的也已经是我的、是不是我的都无所谓的境地，在脑海中比在桌子上、在柜子里更来得实在——我想设计这三个瓶子的 Jasper Morrison 会同意、会明白。

如果你把他看成又一个在英国伦敦皇家艺术学院毕业的高才生，一个开始红透设计界的国际级设计师，只把他的名字跟意大利、德国和法国显赫名牌如 Cappellini、Alessi、Vitra、Magis 等扣上关系，你大概只在事实的表面上滑行。对，他面前的机会多的是，一众有资本有条件的设计生产大户都想把他纳为主将。但他聪明，他保持自由身，更从一开始就坚持在边缘地带积极行走，从 1983 年的第一张矮凳，到大大小小的小几小桌、棉织地毡、夹板单椅、铝质门把、塑料胶条躺椅、大型沙发组合、户外喂小鸟的谷物盆、层叠储酒架、有轨电车车厢、主题餐厅家具装置统筹……你看得起拿得起，躺进去窝起身，你不会特别觉得这是什么夸张厉害的设计，你还是觉得这都是早就熟悉的老朋友，老朋友是可以一起脱得光光泡温泉的，自然舒服，这就是身体，这就是身体要的感觉，精神要的享受。

看得出日常的平凡伟大，抓准了这一点就是 Jasper Morrison 以一个低调姿态，却又突围而出、遥遥领先的原因。

有一回坐进他的一个波浪形大沙发赖着不走，鲜红的椅垫弧成一个起伏，究竟是坐在高处舒服还是坐在低处称心？又或者索性躺进去与波浪一起浮沉？刺激起你的想象，都由你自行选择。相近的版本有一个宝绿色的 Daybed 躺椅，两侧高高的手柄成靠背，有点像放大了的皇帝宝座洁净版，明白地告诉你要睡就随时可以睡，你才是你自己的主人。

千禧年的德国汉诺威世界博览，展场里走它三天三夜眼花缭乱兼累得一塌糊

01 Jasper 近年的得意作品，轻巧得可以的 Air-chair 有六个颜色选择，意大利厂商 Magis1999 年出品

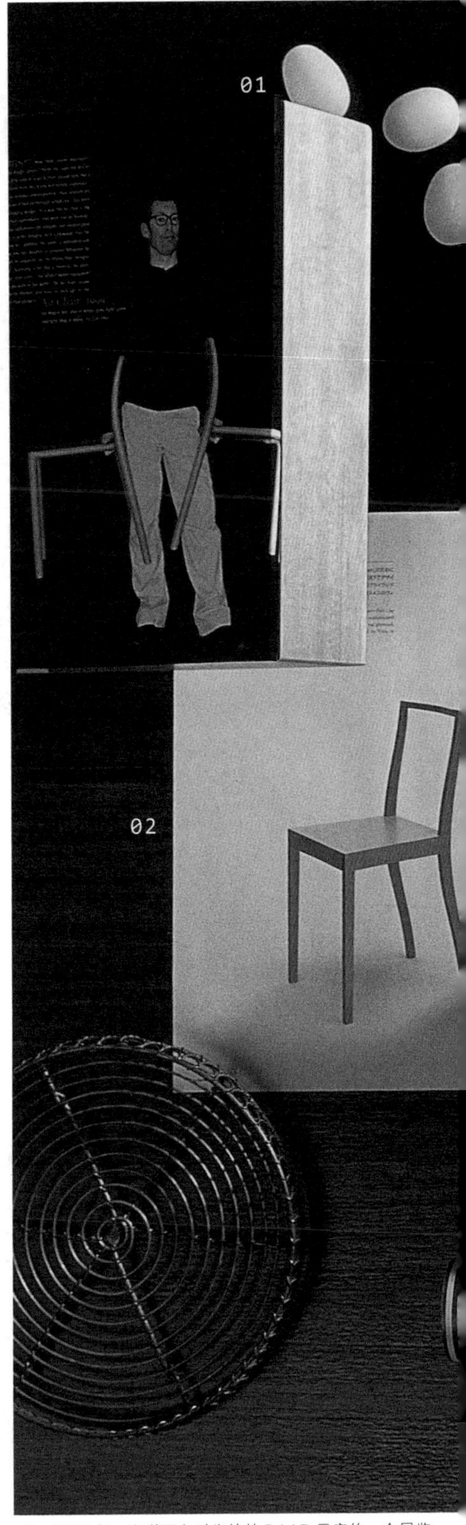

02 1988 年，出道不久时为柏林 DAAD 画廊的一个展览特别创作的夹板单椅。低成本低技术，平面切割组合成立体，早成经典的这张椅子现由瑞士 Vitra 出品

03 不知从哪个时候开始，跟 Jasper 一样迷上了各有性格的调羹

05 以匿名的庶民设计为创作灵感，Jasper 一手倡导平易亲切之设计风气

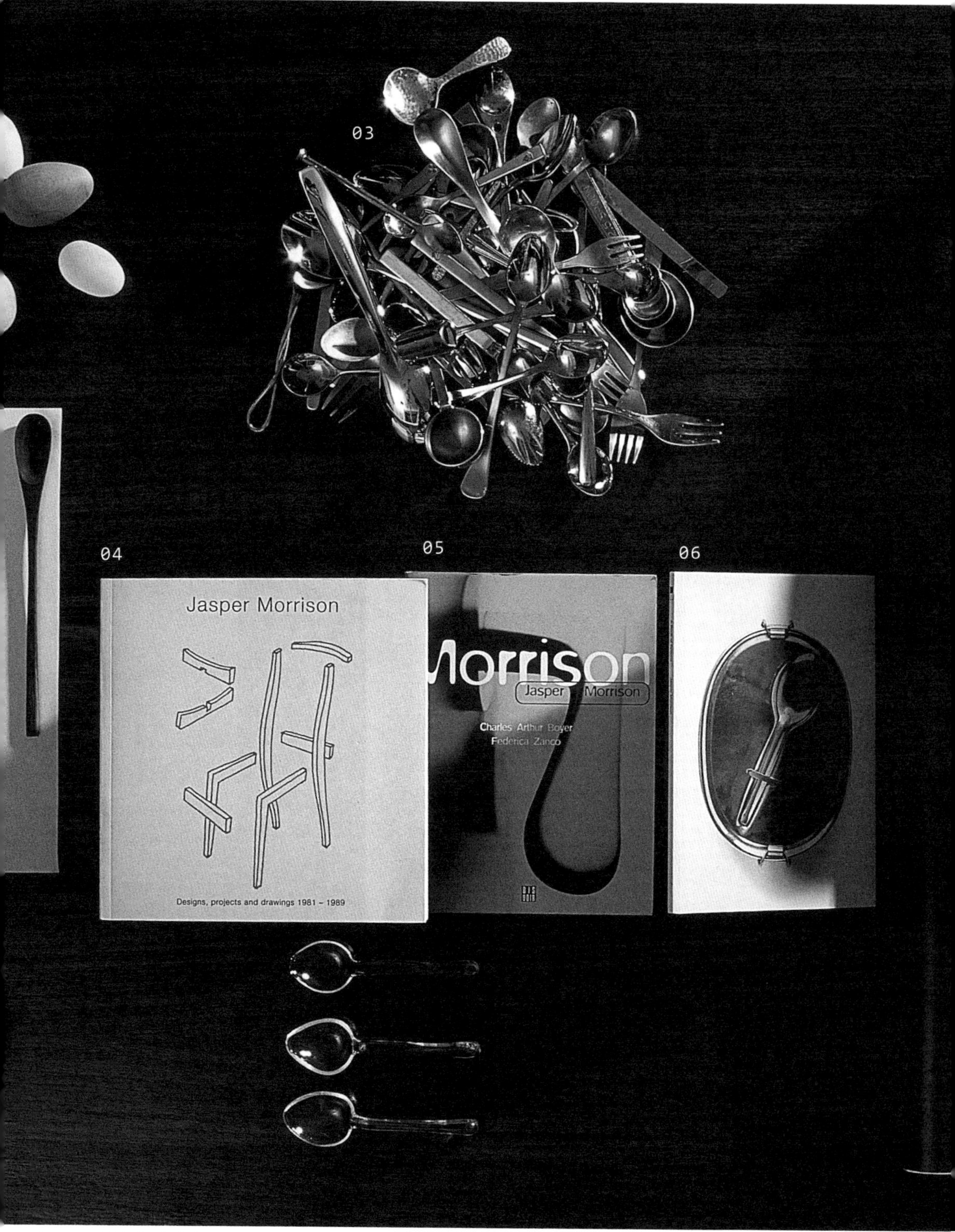

04 大师少年时作品初结集

06 Jasper 亲自编撰的调羹大典，限量印制，有幸遇上

07　如何恋上这三个高矮肥瘦各异的绿色玻璃瓶？爱，何须借口！

09　1998 年为意大利品牌 Cappellini 设计的 Orly 沙发系列

08　一张唤作 Gamma 的干净利落的长餐桌，Cappellini 出品

10　不同尺码原木桌面配上不同高矮和款式的铝座，Atlas 系列是流行热卖的一个项目

11　老实说来真的坐得不怎么舒服的一张露天单椅 Thinking Man's Chair，要思想，就头痛

12　近年叫好又叫座（又好坐）的单椅唤作 Hi-Pad，还有 Low-Pad 躺椅版本

涂，幸好有大会专用电车穿梭各主要场地，车厢内外设计也正是由 Jasper 一手包办。1997 年接手的一个案子，前后两年时间与车厂的七十个工程师商量讨论，琢磨出一个迄今他经历过的最复杂也最具挑战的作品，更重要的是从中他学到很多，自觉并要求自己在生活中好好学习天天向上，总是一件兴奋的好事。说实在每回上车在挤得满满的人群中，我一心只想紧握那舒服的扶手，如果幸运地有位子坐下，在那个珊瑚红色的塑料座椅软垫上，那么两三分钟车程也睡着好几趟。

常常在媒体曝光、长得酷酷怪怪的一张露天的椅子叫 Thinking Man's Chair，思想者看来是不应该坐得舒服的，所以椅座和椅背都是条纹间隔，而且都是弧起来的扶手还有点花哨。我有点不好意思地跟他说，他也看来很不好意思地回答：早年（1986 年）的一个作业，那个时候还是比较在意“好看”，如果现在再来一趟——嘿，现在就是现在，其实没有什么再来的，将来，也是将来的事。

经常都是这样，在跟一向心仪敬重的人碰面之前，都紧张兮兮地做一大堆功课，把人家的出生年月日、毕业成绩、就业经

历、作品系列都狠狠牢记。然后每一趟一坐下一开始谈话，就忘掉了大半正经事，聊到学生时代的糗事，平日爱到哪里玩爱吃什么，却是有板有眼巨细无遗的。Morrison谈到皇家艺术学院的几年硕士课程，有目的地无所事事，是他的 poeticperiod（诗意时期）。

他爱闲荡，爱在街上寻找平常细物，而种种大众实用的“匿名”设计其实也就是他十多年发表的设计作品的原型。这也就是他的设计一直都以较合理价格出现，易受一般民众欢迎，从质材到造型到结构到颜色都有一种回到基本的庶民精神的原因，这就不是大家口里吵吵嚷嚷的简约，就是多了那么一种生活的实在质感。

忘了带一本书给他签名，那是他 1997 年在比利时出的一本薄薄的印刷精美的黑白照片集，拍的都是他收藏的调羹。书名就叫 *A Book of Spoons*，每页单版就印一只来自世界各地的简单直接的或古老或年轻的日常应用的调羹，金属的、木质的、角度长短大小不一，最功能也有最厉害的线条美、造型力、轻重感，都是 Jasper 向来追求的设计境界。为什么不是刀不是叉？全因调羹没有攻击心、杀伤力，取，予，施，受，叫调羹成为调羹。

延伸阅读

Morrison, Jasper,
A Book of Spoons,
Uitgevers: Imschoot, 1997.

Boyer, Charles-Arther-Zanco, Federica,
Jasper Morrison,
Paris: Editions Dis Voir, 1999.

Dormer, Peter,
Jasper Morrison,
London: ADT Press, 1990.

男孩不哭

很想知道，2002年1月22日，巴黎蓬皮杜中心Yves Saint Laurant告别时装展示会的演出天桥后台，当圣罗兰先生在长达十五分钟的电动掌声之中，深深地向天桥下再也控制不住情绪的拥戴者做最后一次谢幕鞠躬，然后徐徐离开，聚光灯退入后台之际，Hedi Slimane有没有哭？

Hedi Slimane，国际时装界备受瞩目重视的厉害新宠。打从1997年开始，他成为圣罗兰的助理，继而就任YSL男装的艺术指导，于千禧年间发表第一季以“Black Tie”为题材的惊为天人的系列，又马上因GUCCI集团的收购而离职，转投对手LVMH集团旗下另一显赫牌子，Dior的男装新品牌Dior Homme。他的去留决定从来是八卦的时装媒体圈中的热门话题，大家也乐于把他与早已风头甚劲的GUCCI及YSL的创作总监Tom Ford做较量，更何况两人都一次再次地公开表示对前辈大师圣罗兰的崇拜和感激，两人的设计系列中也时常受大师的影响，更加火上浇油的是，圣罗兰本人亲临Hedi的发布会而缺席Tom Ford的天桥秀，流言更是满天乱飞。

管他财团火并你死我活，设计师明争暗斗让作为观众的我们乐得乖乖地看得高兴，疯起来还可以走进专卖店内试一试Dior Homme那窄窄长长的西裤及衬衫，外衣恐怕是尺码太小穿不下了，随手再看一看价钱牌，噢——

看有看的愉悦，穿有穿的快感，我是由衷地喜欢 Hedi 这两季所展示的新浪漫主义（Néo-Romantisme）男装风格。首季以 Solitaire（孤独）为题，第二季灵感来自兰波诗绪和 20 世纪 80 年代流行曲 *Boys don't Cry*（男孩不哭）。一众十七八岁小男生，穿的都是黑、白、大红三个主要纯色，内内外外线条都是窄长贴身的，剪裁又明显地有和风的无袖和粗粗的腰带，好些裤头跌得超低，欲坠欲现，礼服白衬衫超长袖外露，窄长黑领带还有穗带飞扬，忽地衬衫袋口有一灿烂如花的钉珠血迹或者墨迹，当一众男生从血红醒目的天桥尽头背景向你走来，绝不留滞摆样地快步来回出入，你感受到的是 Hedi 本人干净利落的果断性格，我行我素的诗意坚持，一如他当年头也不回地离开被 Tom Ford 占据的 YSL。

几年下来在媒体频频曝光的 Hedi，本人也一如他所爱用的模特小男生，高挑瘦削，常常就穿一件白 T 恤、一条牛仔裤，披一件女装的 Chanel 的黑外套就跟来访者对谈，大眼水灵灵的，带着孩童的慧黠纯真，言谈又是沉静典雅，一位跟他面谈过的媒体好友跟我说，他活脱脱就是中性人版，舒服自然地颠覆着大家心中既定的性别规限。

01 Hedi 最爱的高挑瘦削的小男生，每季出场都叫人惊艳

02 Hedi 本人是穿着自家设计的最佳模特

03　一张俏脸和那一抹披脸碎发，又乖又坏，风格化到极点

05　粗细不一的黑缎带，魔鬼就在细节里

04　小小一口别针，迷住要迷的人

06　Hedi 的巴黎设计工作室，一如他的创作，黑白主导，简约利落

07　为了穿得下窄窄的白衬衫，疯狂节食有原因

09　殊不简单的一件黑 T 恤，薄纱薄棉当中还有银项链

08　杀人于无形，Hedi 最懂个中真谛

10　美得惊心动魄，无话可说

11 血迹灿烂如花，刻意安排的绝妙意外

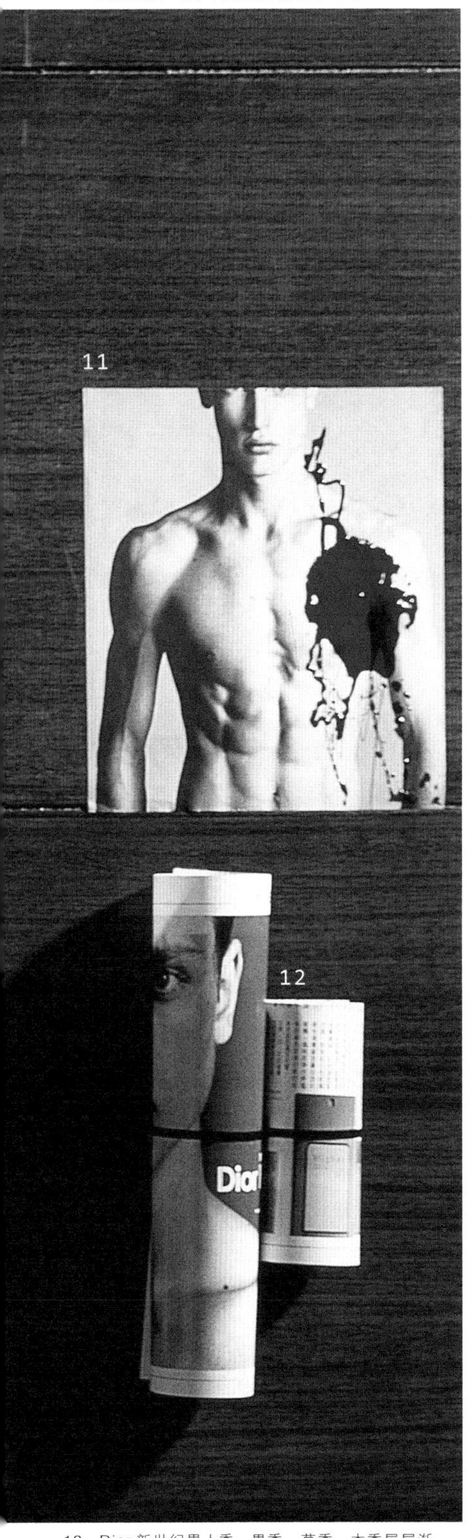

12 Dior 新世纪男人香，果香、草香、木香层层渐进，取名“Higher”

当一众潮流中人诸如麦当娜也坚持穿他的男装系列出席音乐颁奖礼，可见男装、女装的藩篱已经崩溃得差不多了，其实前辈圣罗兰早就有为人称道的 Le Smoking 黑色礼服系列，也就是男装女穿的开山先例，如今承传演化，无论是穿在男生身上还是穿在女生身上，都明显地要求穿着者有一种独特过人的倔强性格，因为只有很清楚地认识自己，才会把衣服绝无顾忌地穿得对、穿得好。

忽地成为传奇的 Hedi Slimane，出生于巴黎，父亲是突尼斯阿拉伯人，母亲是意大利人。大学时代念的不是时装设计，只是从形象设计和时装公关起步，然而他的天赋一朝被圣罗兰的长期事业和生活伙伴 Peirre Berge 发现之后，他就绝快地走上轨道。叫我等时装旁观者欣赏的，是他在这个惊涛骇浪你死我活的时装名利场中，一鸣惊人的同时却依然谦虚地尊重前辈，幸运地成为圣罗兰最后一个入室弟子，他看来最清楚圣罗兰本人开创个人品牌王国四十年来的奋斗、颠覆、挣扎以及恐惧，也了解到所谓潮流时尚本身的局限，正如 Coco Chanel 名言，能够超越时尚才是时装设计师的终极目标。当年圣罗兰被 Christian Dior 指定为继任人，年方 21 岁，其后更创办自己的 YSL 品牌，以中性及超女性风格的服装概念影响一众的日常穿着态度，当年挑战禁忌的种种突破，今日看来早成时尚历史佳话。聪明的Hedi也应当踏着前辈大师的足迹，在不同的时代环境中，走出有时代意义的一步，任重而道远其实也就是首先向自己负责，这个资深的创作人应该最明白。

入主Dior男装，Hedi有自己完整的创作班底组合，也亲自参与办公室的设计装置。一向对建筑设计有强烈兴趣的他，奉行的是极端的简约：素白办公桌，二百个喇叭组成的天花板，抬头一列十多盏方盒形吊灯，利落干净的一如他的服装系列，而这种利落偏又在能够容纳多元丰盛的巴黎里更显得突出，这也就是Hedi一直强调的，他主管的Dior男子系列将会是极度巴黎的一种风格。

在圣罗兰的告别服装发布会中，Hedi没有出现在观众席，他只是悄悄地提着照相机，在后台拍下触动他也触动每一个圣罗兰拥戴者的最后光影氛围：设计师专用的小房间外的布帐、身穿男款礼服列队出场的女名模、恍惚的天花霓虹、贴满一墙的出场程序资料，还有圣罗兰的伴侣皮埃尔（Pierre）手掀帷幕，等爱人在观众面前鞠完最后一躬回到自己身边。Hedi用心拍下这些历史一刻的黑白照，有没有哭我们不知道，唯是音乐再起灯光再亮，面前天桥漫漫不归长路，厉害如他绝不会一边走一边哭。

延伸阅读

Craik, Jennifer, *The Face of Fashion: Cultural Studies in Fashion.* London: Routledge, 1994.

张小虹，《绝对衣性恋》，台北：时报出版，2001。

杨泽编，《作家的衣柜》，台北：时报出版，2001。

叫我『杂种』

飞他那么乱七八糟的十二三个小时，落地，还算是一个值得有一点自豪骄傲的香港国际机场，光亮明净，轻巧开阔，作为整个空间里小小一个人，滑过溜过，几乎会飞。

海关柜台，香港永久性居民那一片灯牌在亮着。常常跟身边人打趣笑说那一个“性”字，有点闷地为性而性。也常常会想，柜台里的值班人员一天到晚面对那些半睡半醒的永久性居民实在会很无聊，而且更要惯性地问：你从哪里回来？——

可是今天我面前的海关叔叔微微抬头似笑非笑地望了我一眼，不知怎的却这样问：你从哪里来？许是他快人快语不小心漏了一字，许是我还在迷糊中听漏了一字，从哪里回来还算有根有据有迹可循，从哪里来就是一个历史的人生的哲学的议题了，我被这突如其来的一问问倒了，良久良久，站在那里答不上话，甚至真的想不起我是刚从伦敦、从广岛、从北京、从台北、从吴哥窟还是从法兰克福回来，我几乎要伸手进口袋拿那张早已皱成一团的机票查对一下。

从哪里来？到哪里去？回来了也就等于即将离开——其实不用海关叔叔问我，我也该问问自己，年来为什么变本加厉地飞飞飞，每个星期换一个所在地。本来就把工作玩乐事业感情休息前途后路大兜乱，做了选择做了决定，现在就更加肆无忌惮公私不分地上路再上路，无法喊停，自己负责。

过了那个嚷着要流浪的日子，也着实不是流徙那么悲情，是漂泊吗？也不是那么洒脱，中庸一点就算是四海为家吧，但实际上家这个概念在我的私人字典里也开始崩散——如果只是个避风避雨的休息的储物的空间，这只是一个功能性的家，一个旅馆房间、一个货仓也可以了。英谚说“Home is where the heart is.”。家是心之所安，但我很清楚我当下要的不是安心，心有所属直接间接对象一千几百个，心越不安越觉得有机会有可能，正如上路，路上一边忐忑不安一边窃窃暗喜。

把自己抛出去扔出去，在不停转换的异地里在浮光掠影中，更清楚了解自己确切的渴求需要以及生存能力。不满足于单薄的路过，进而寻求当地的一些实际的人事经验体会：学一种新的语言，完成一趟越界的跨媒介的创作，谈一次或多次成功或不成功的恋爱，坐不同的椅睡不同的床，在不同国籍不同年龄不同性别的新朋旧友的家里寻找自己对家的再定义，甚至无须定义。如果有空照照镜，一朝发觉自己面目已全非，正好，这正是我要的。

北京城中半夜三更出动跳上出租车往三里屯方向还未选定哪一间酒吧的当儿，耳畔收音机里有刘德华声嘶力竭地唱《中国人》；北京机场10号登机闸口的候机人群当中，我有意无意一瞄电视荧屏，有王力宏在又蹦又跳地演绎千禧版《龙的传人》，歌不

01　飞来飞去，口袋中仅有的纸钞其实也只是会飞的玩意

02　Ultraman 三十五周年大庆，Gutswing2 号金色版本一飞冲天

03　随身上路，有你做伴

05　少年离家第一站，伦敦情结多年有增无减

04　新鲜热辣的港产年轻人杂志 *Jet*，矢志飞出香港吸收一手一流精彩材料

06　最耐读最迷人的随身读本首选世界地图集

07　进进出出，按自己的本子办事

09　发毒誓，终有一天要用流利的意大利语点菜

08　从这里到那里，一张张票根是现实也是梦的记录

10　从来不知飞行里数是怎样累积的，反正贪的是小便宜

11　大路在前，偶像级游记作家 Bruce Chatwin 是鼓励我积极上路的启蒙

12　真正的旅人无法摆脱火车的诱惑

怎么样舞不如何好，叫人尴尬难堪的是这个主题实在过时落伍。世界潮流浩浩荡荡，无论自觉国势如何强大，现在的谈论焦点不是如何纯粹如何本土，现在想方设法的应该是如何把自己变成“杂种”！

当然我的父母分明是中国人（还好是一南一北不同省份的），国族血缘上的“杂种”我是做不成了，但精神上心态上行动上的“杂种”却是当下努力专攻的。伦敦希斯罗机场的候机大堂是不怎么有趣的免税商场，却给我在书报摊里买来一本《华尔街日报》驻伦敦资深作者 G.P.Zachary 的新作 *The Global Me*。全书三百零一页反复强调的是 hybrid is hip，“杂种当道”。

也许这本就不是什么新议题，齐秦早在十多年前就幽幽地唱过“外面的世界很精彩”——但接下来一句是“外面的世界很无奈”。究竟无奈在哪儿？是因为自家未够勇气去面对新环境、新人新事？是恋恋已有的既定的权力位置高床软枕？是吃不惯又硬又冷的三明治？是碍于面子不肯开口用非母语跟对方聊一下家常？无奈的是有根把你缠住，以致要自折精彩的翼？

根与翼，对立又统一。羽翼越是坚壮越飞得高飞得远，就越懂得珍惜爱护落地的根，反正都是概念东西，到最后无谓斤

斤计较，有机会把根带到空中也不错，飘飘荡荡的气生根也是一种存在状态。无论在本地还是在异乡，争取与不同文化不同政见不同职业不同身份学养的人混在一起，容许自己多元复杂，磨炼自己的开放包容，也许一时间对globalization（全球化）这个争议话题说不上什么建设性评议，但mongrelization这个混种生态却是比较日常生活比较有感受。

飞往日本的航班上要填那入境出境的两张表格，常常在填写当地住处的时候看到两个兀突的汉字“滞在”。滞在滞在，无可避免也千万个不愿意。我很乐意给人家解释也绝对自得其乐，为什么我是如此地爱乘船、乘火车、乘飞机乃至一切的长短途公车、出租车、地铁，就是因为这一切都在动在路上，我的灵感、我的想象、我的冲动、我的有趣就来了，南来北往串东串西，杂交混种求的不是一时之快，而是一个永续的、缠绵的、衍生的美妙关系。

耳畔随身听反复有日本新音乐品牌Twilight World精选大碟中Yann Tomita的一曲*We Travel the Space Ways*，全曲五分二十秒轻轻浮浮吟唱，我们在星空中漫游，从这个星球到那个星球，反反复复唱呀唱的就是内容本身。接着的是周杰伦唱方文山的词，忍者隐身要彻底，要忘记什么是自己，还有日行千里飞檐走壁，呼吸吐纳心自在，气沉丹田手心开。混吧混吧，柏林地铁S线Savignyplatz站桥下的精彩音乐铺子Orient Musik买来柏林Delphi爵士乐俱乐部1936年经典现场录音，那些老好日子里的夜夜笙歌连接起自家广东一代地水南音艺人区君祥苍凉有味的“客途秋恨”，空气中飘荡的是南方的婉约痴缠。我听，我看，我走动，我感受，我回应，叫我“杂种”，我愿意。

延伸阅读

Chatwin, Bruce,
Anatomy of Restlessness,
New York: Viking, 1996.

杰克·凯鲁亚克，
《旅途上》，
梁永安译，
台北：台湾商务，1999。

Zachary, G.Pascal,
The Global Me,
London: Nicholas Brealey, 2000.

奥瓦尔·洛夫格伦，
《度假》，
朱耘译，
台北：蓝鲸，2001。

Lonley Planet Guide
www.lonelyplanet.com

Time Out Guide
www.ellipsis.com

回到街头

1990 年 3 月中某个寒风刺骨的早晨，我在曼哈顿街头。

路过纽约，破烂小旅舍怪怪的，睡不好也就起个绝早，竟然荡到华尔街和一众纽约客去添喝不完的咖啡，当然也吃不完太厚的一叠 corned beef hash（咸牛肉土豆泥）。然后沿 Broadway 一路踯躅北上，几年前的勾留印象似有似无，一个游人面对一个陌生城市跟一个城市面对一个陌生游人同样尴尬，左绕右转来到 West Broad way，远远望见 Rizzoli 书店那狭长店堂，正准备进内翻一下那些翻不完的书，赫然发觉身旁街角墙边张贴着一影印纸本——黑框照片中是熟悉的孩子脸，鬈曲金发，金边圆眼镜后的蓝眼睛瞪得大大的，依旧带着好奇和疑惑——IN MEMORY OF KEITH HARING 1958—1990，不想发生的终于发生。

早就听说 Haring 染上艾滋病，却不知这一切开始和结束得这么快。黑白影印本冷静地贴在墙上，上面还有过路人手写的追思字句，一笔一画，一点一滴。我呆呆地站在那里，良久良久，耳边没有了任何车声人声，眼前一片空白，我想我应找一个人说一些什么话，我没有。

一厢情愿地把他视作偶像、学习对象和朋友，一直钟情于他的哮犬、发光婴儿、飞天宇宙飞船、霸道电视机……那种原始、童稚的魅力从一开始就厉害地击中我。Haring 一直像小孩般到处涂涂画画，无惧无忌——从画在自己的课本上开始，进而画在画纸画布上，从垃圾桶捡来摄影背景纸画九英尺大素描，在纽约地铁广告板的黑色焦油纸上大画粉笔画，冒着被抓坐牢的危险三分钟完成一张。不论用什么材料，不论画在哪里，也不论成名前后，他的涂画都保持着孩童那种率真爽直一针见血。他自成一家的“符号”不难懂，却又带图腾的神秘，他来自街头他代表群众。他脱轨越界闯入高档艺坛留下作品数以千计。不论用什么材料都不拖拉眷

01　十多年前买来的哮天犬红色 T 恤，还是新簇簇的舍不得穿

02　了解 Haring 创作私生活的最佳读本，1977 年至 1989 年的亲笔日记精选

恋。当年作品在国际市场叫价日高的同时，他却一直花时间在古根海姆博物馆（Guggenheim Museum）的 Learing Through Art 儿童课程、街童组织及孤儿院的艺术课程中担当导师，和小朋友打成一片。Haring 的壁画作品也自然出现在儿童病院、学校和儿童游乐场，内容也尖锐地指向青少年滥用毒品、破碎家庭、阶级与种族问题。Haring 从来不把创作贬为个人自恋自溺，他的天空是大家的天空。

作为一个公开出柜的同性恋者，Haring 在地铁和大部分公众壁画作品中却绝少出现同性恋图像，他尊重公众也因此获得更大的支持与敬重。他以 Gay Sex 为题材的作品，最叫人印象深刻的是出现在纽约同性恋社区服务中心的墙上，以“Once Upon A Time”为题，当中出现大量的性器官与各式交合场面，无惧的极乐混杂辛辣的反讽反思。在艾滋病正面袭击纽约的 20 世纪 80 年代末，Haring 身边爱人同志先后去世，他自己也在 1987 年被证实染病。他以余下的更大精力投入“Stop Aids”和“Act Up”等正视艾滋和同志平权运动中，设计“Debbie Dick”漫画形象宣传筹款，冒风雨上街示威游行，直到灿烂生命的最后一刻。

Haring 走了，他留下的当然不止那些无数在街头在画廊在博物馆的图画，不止那些可以在其开设的 Pop Shop 买得到的明信片、笔记本、小玩具、T 恤和手表，他的展览场刊、作品结集以及日记传记，是死忠一党如我辈一直搜集一直翻阅的灵感源头精神食粮，

03 身边亲朋挚友的深情忆述，Haring是一个有血有肉大悲大喜的人

05 发光发热Baby襟章，Haring的注册商标

04 What's up?绿色太空小怪物劈头就问——其实这里那里处处新奇有趣，就看你了

06 Haring学生时代在纽约视觉艺术学院的作业，分明已有涂鸦画风

07 日本街头潮流杂志多不胜数，Relax 是当中佼佼者

09 Haring 当年的街头好友 Futura，至今仍火力十足创作不绝

08 纽约 Pop Shop 是 Haring 相关产品的大本营，买来的一张小小明信片都有特别的意义

10 好趁手脚关节还未生锈还可以摔几回跤，踏上滑板怕什么？

11 Haring 童年的真正涂鸦，还有他 10 岁那年的得意模样

12 街头流行文化铺天盖地，港产精英的心路历程结集《流行示威》

细读下去读出街头 Graffiti（涂鸦）文化的缘起和发展，其反建制无政府的发声控诉是一页又一页城市社会现实的反映。当一众从事绘画创作的艺术家重新发现 Graffiti 的巨大能量时，马上撞击演化出好一批生命力能盛放活泼的作品，从 Paul Klee、Jean Dubuffet 到 Pierre Alechinsky，到 Warhol 的大弟子 Jean Michel Basquiat 以及 Haring 自己，都是成功地将 High Art 与 Public Art 结合，自成美学体系的好例子。当然也有一众从来就把自己定位为 Graffiti Artists，死守街头如 Haring 的同辈 Lee、Futura、Dondi、Laii 等，不走高档不涉艺坛商业机制，昼伏夜出打游击，执着坚持弱势“草根”。

这么多年过去，每回我路过纽约，又或者在家里案前抬头望到书架上层那一列 Haring 的作品集，那一个曼哈顿的早上，街头的冷和静，留在记忆中还是那么深刻。那一刻和此刻当中有什么关系、有什么落差，我忽然觉得要好好地想：当年被 Haring 刺激过影响过，发愤努力过，我画我写，也许就是因为没有真正地走上“街头”，顶多是在众多的城市游荡，在友侪小圈子间串门家访，说自己没有目标方向也不是，再问创作的能量和冲动足够继续下去吗？却真是暗叫不好。年岁渐长是真的，体力渐弱却未觉，反正都是借口，看来状况就出在逐渐失去往日那种对街头万事万物的热情和好奇，当年不怕累不怕热，不买账不妥协，敢怒敢言。可是时移世易，一个人自街头退下来躲回家，只是偶尔出来正常旅游，自然就精致起来洁癖起来，开始慢开始懒开始冷感，想到

这里不禁真的打了个冷战，老了，却真的不可这样老去。

就在我的工作室楼下，大路旁边每天傍晚停着一辆运送某流行牌子啤酒的大货车，货车两侧的位置自然是大型流动广告板，最初骤眼望满满一片被喜好涂鸦的滑板族群给搅个七彩，走近看却真的是涂鸦，而且是有计划有广告预算地涂，这个啤酒品牌年来好几个系列的电视、报章乃至街头广告，都是用香港本土乐队 LMF（Lazy Mother Fucker）为发言人，把刚刚冒出头来的舶来结合地道滑板 / Graffiti / DJ / Hip Hop 电音文化摆上台，加上城中议论纷纷的 Rave 舞会潮流，嗑药摇头风气，年轻街头势力似乎又来汹涌新一波，闷热翳焗的 2001 年 7 月香港街头，有的是什么启示预告，又指往什么潮流方向？

十多年前远远的那一波与目下当前的这一波，之间原来已经错过了遗漏了那么多。看来得赶快恶补，认识了解近年冒升的Graffiti Artists，如以飞天头像叫人过目不忘的Barry McGee，以童党素描群像技惊一座的Mode2，把字体结构演化成生物的Sheone，把百变魔力提升为建筑神话的Boris Tellegen。Hip Hop滑板一族视为代言偶像的Evan Helox、Andy Jenkins、Mo Wax团队、Futura2000，街头海报行动Obey Giant的主创人Shepard Fairey更影响遍及欧美日亚，还未计算中国蠢蠢欲动随时出击的街头战士以及与商业建制浑然天成的日本一众年轻流行品牌偶像Nigo、Groovisions，推波助澜的杂志*Relax*、*Giant Robot*……一旦投入其中，连环紧扣别有洞天，看到的听到的买到的感受的吸收的都是年轻能量，不想不明不白老去的你我，绝不能视若无睹。

为这一副“硬”骨头着想，大抵我不会厉害到下定决心学滑板离地飞起八英尺。但我知道，回到街头是唯一出路，除此别无选择。

延伸阅读

Haring, Keith,
Journals,
London: Fourth Estate, 1996.

Gruen, John,
Keith Haring, the Authorized Biography,
London: Thamesand Hudson, 1991.

Haring, Keith,
Keith Haring: the SVA years(1978－1980)
NewYork: School of Visual Arts, 2000.

Futura,
Futura,
London:Booth-Clibborn, 2000.

郭文华，
《流行示威》，
香港：盈科天马动力，2001。

Kit Chan,
Sky-H,
Hong Kong:
PCC Skyhorse Limited, 2001.

早起的虫儿

小时候有过那么一阵子的用功，背字典。

当然还未厉害到捧着《牛津高阶英汉双解词典》厚厚一大本一个一个单词连注解死命地背，那个时候最感兴趣的是英文谚语，身边常常带的是一本英谚字典。为了把这些句语牢牢记住，我“发明”了一个最适合自己的方法，把这些意象都画成只有自己才看得懂的图画和符号，人家的光明磊落变成了我私家的神秘和搞笑。这上千则的谚语如今当然过半已经交还给天给地，唯是真正变成了自家日常口语的，倒一直在衍生发展。从前念到 The early bird catches the worm，早起的鸟儿有虫吃，直觉这是很生动很明白清楚的一个形容比喻，一向习惯于早起的我当然也深谙个中滋味，不过性格使然，倒知道心甘情愿做的是早起的虫。

早起的虫当然就要冒着被鸟一口吃掉的险，也就是有了那么一点危机感，做人（做虫？）才有意义。早起，也就是在众多深感无力的个人挑战当中唯一有点把握，急忙引以为傲的。

说早，其实也只是清晨六点左右。再早，其实是某些人的很晚。就在大多数人还在甜蜜梦乡中纠缠挣扎的那一刻，我比我的闹钟还要准时地醒过来了。我的确有过很多很多闹钟，特别是德国 Braun（百灵牌），当中有几个还趁有一回专访它们德高望重的总设计师 Dieter Rams，特意叫他在钟背签了名。可能也因为这样，这些闹钟也就退役下来——其实我倒觉得是因为某种奇怪的意志，临睡前决定了要在五时五十八分醒过来，也就绝对准时地在那时那刻睁开了眼睛。

醒过来，管他是风狂雨骤的坏天气还是清朗透明的大好天，就因为还早，面前就像有格外多的可能和机会。当一切还在静的时候我已经开始在动，这感觉非常良好。如此一个清晨没有 deadline（死线）的威胁，之前几个小时的睡眠，纵使常常塞满了古灵精怪的梦，脑筋在此刻还是新鲜干净的。稍事清洁梳洗，常常就在书桌面前坐下来看书写稿画图，这大抵也是城中少有的绝早开始办公的 home office 吧。

常常跟同道老友聊起，他们大多把脑筋活动创作的时间安排在深宵午夜，在大众休息、主流放缓的时刻“摸黑”作业。我倒早在学生时代就停止了通宵熬夜，自知没有撑下去半夜吃它两碗方便面的本事。反是早早上床，换它一个清爽明快的早上，思路通达，好做分析好做决定，昨天午后的死结都一个一个解开。最有快感的是，当全城所有人在九时半十时在办公桌前才刚刚坐下刚沏了第一杯咖啡的时候，你几乎已经完成了这天过半的工作，厉害得已经可以宣告休息——老实说，大家一味喊忙忙忙，但一天真正可以做到的且实际有效的还是少之又少——与其是松松散散又一天，倒应该是全力集中的一个早上。

当然，大好清晨除了工作，实在也很适合游玩。无论在家在住的熟悉的城市，还是

01　脚踏 2002 年秋冬新款 Nike Presto，求一个轻快的感觉

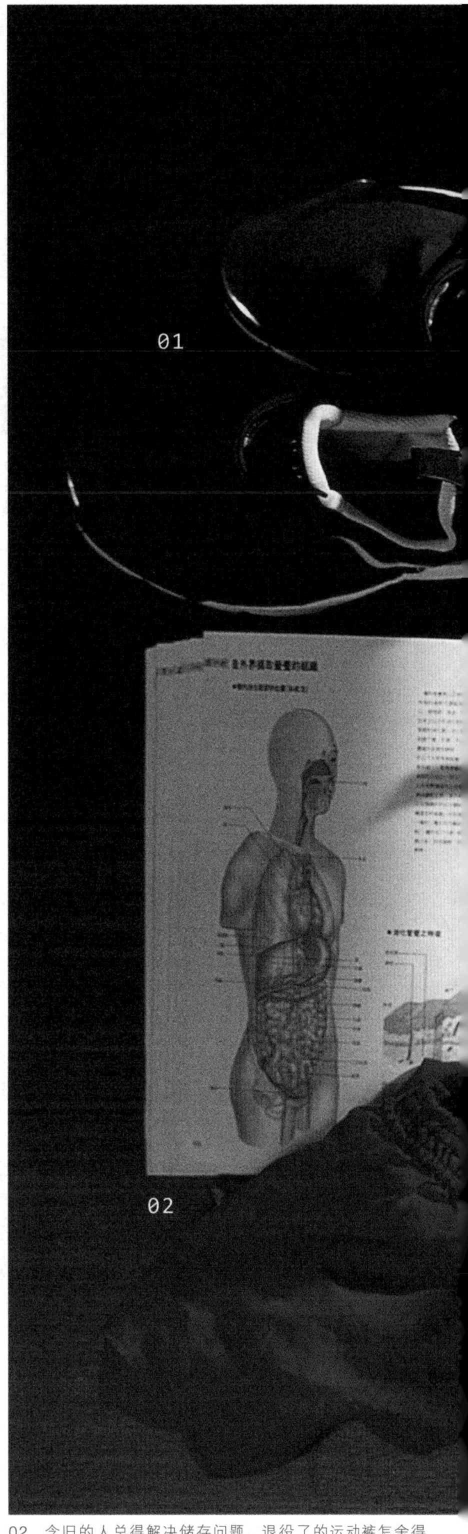

02　念旧的人总得解决储存问题，退役了的运动裤怎舍得丢掉！

03　好友送来的多功能心率表，提醒我开始了长跑锻炼就得持之以恒

05　带着上路的德国“百灵”牌闹钟，前后用坏了五个

04　看见漂亮的鞋总忍不住下手，回到家才知道是小一号的

06　路上要健康，一日一苹果

07　到处寻找口味最佳的 Organic（优格），早起的虫儿早餐首选

09　身心受益，愿意每天再早起一个小时瑜伽静坐，一年下来，你猜，我已经可以做到哪一个姿势？

08　管他什么国度什么语文，买一份早报感受一下当地大环境小花边

10　有点土的“祝君早安”汗巾其实又便宜又好

11　带着 DV 摄录机上路，早午晚自拍公路、都会小小小电影

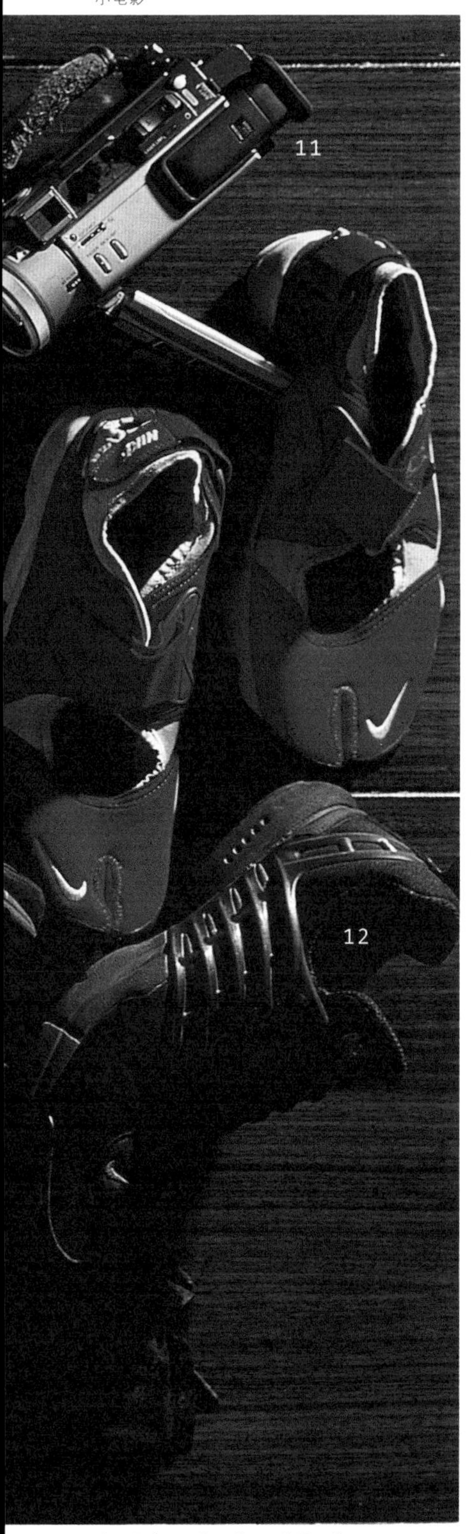

12　走万里路，还是心爱一双纯黑旧款 Presto

在外行旅经过的城乡，如此清晨总是有跟平日不一样的面貌。在一大堆煞有介事的博物馆展览厅开放参观之前，在所有名牌名店开门营业之前，你已经走在街上，拿着从报摊买来的第一份报纸，一口咬着街角面包店新鲜出炉的通常是可颂的香脆热辣，走进公园，跟比你还早起的年纪应该比你大的叔叔婶婶点头微笑招呼。又或者乘上一辆陌生的公车，跟上班、上学的衬衫还是皱皱的发梢还是湿湿的一起开始新的一天。你还应该带着照相机、录像机，有意无意拍下着实不一样的每个清晨。有一回趁转机之便，清晨五时在曼谷机场截了一辆出租车跑到常常去的周末墟市。我当然比那些商贩还要早，晨光熹微中我从容地走随意地拍：为业者提供早点的小档老板娘早已化好了浓妆；卖斗鸡的精瘦中年人还在鸡笼后面熟睡；卖白衬衣的大叔把一式一样的衣服一件一件挂起来；卖牛仔裤的小男生像个女生，穿着极低腰的窄裤在档口前跳着昨夜的（！）舞，还有一头刚剖开的牛，我不会买的三千元的鞋，头顶有蓝得像天的破布帐和负荷过重弯着身的电线杆……一切都浸在如水的清凉当中，完全不像我认识中的曼谷的难过的酷热。

清晨要动，也就是跑步的好时候。年来不知不觉，已经把晨跑变成每个早上的指定动作。经验里是下床后的第一秒钟你已经要换上运动衫裤穿上跑步鞋，第二秒钟跨步出

门，不然的话就随时会有明天才跑的歪念，尤其是出门在外，晨跑已经变成了（心理上）跑走前一晚美味得以致过分和过量下肚的炭烤海鲜、意大利面、乳酪和甜点的必要应急措施。越是有昏昏欲睡的时差反应症状，就越要跑它半个小时以上，出它身汗再马上淋个热水或冷水浴，神都给跑回来了。

法兰克福的清晨，从寄居的小旅馆起步，绕着德国银行宏伟的钢根玻璃总部跑了几个圈，有点像试探保安虚实的大盗小喽，然后沿天桥径自再往会议展览中心方向跑去，日间挤得满满是人的会场还是空无人影，什么买卖其实都不比睡一好觉重要。在柏林时住的旅馆就在著名的“同志”区，起个早跑步的时候还碰上通宵在酒吧夜店作乐的恋人在晨光中缠绵拥吻。威尼斯是最宜晨跑的地方，从圣马可广场出发沿着运河岸边迎着太阳向双年展场方向跑，沿路石桥梯级跑上跑下是最有效的消脂办法，边跑边看不止一艘贡多拉，它们满载一船的洗濯好烫折整齐的雪白的大小毛巾，趁早运送到众多旅馆去，沿途更碰上来自世界各地改不了习惯的晨跑客。最近一回在伦敦，碰上一个没有下雨的清晨，赶忙出门穿过住宅区往 Brompton 坟场跑去。清晨的坟场实在美妙，人家的祖宗大抵还在睡，往墓园深处跑去抖落两旁草丛的露珠，停下来一边做舒展运动，一边读墓志铭看英式幽默小聪明，满足地开始好学的新一天。

早起，晨跑或其他，突然想起马英九在维多利亚港堤岸旁和一众追不上他的记者跑过，村上春树也在希腊的卡拉卡鲁修道院旁的羊肠小路上跑过，还有曼哈顿中央公园正在跑的约翰，巴黎卢森堡公园正在喘气的尚·保罗……有人早起为了要做鸟儿，我始终甘心做虫——时移世易，谁说早起的虫儿不能把鸟儿吃掉，这可能就是我的早起的野心。

延伸阅读

威廉·艾温，《人体圣经》，邱琼瑶译，台北：耶鲁国际文化事业，1998。

阿南达玛迦，《瑜伽静坐手册》，*Men's Health Magazine*, Rodale Inc.

薄井坦子，《人体保健医学》，台北：畅文出版社，1992。

www.polar.com.hk
www.menshealth.com
www.nike.com

我爱厨师

小朋友在谈恋爱，这一趟，她的对象是个厨师。

我问她，究竟你是馋嘴爱吃，还是爱他？她说，两样都爱。

爱吃他凉拌出来的各式生鲜水果蔬菜，调味酱料有冷有暖有甜有酸，一点点辣，或者麻；爱他煎的鱼烤的鱼，三文、比目、石斑、仓鱼、鲈鱼……毕竟他来自大洋洲，这么大的一个岛，走近岸边伸手一抓就有鱼（可以这样说吧），海里面湿淋淋的他有胖胖的一种性感，干干瘦瘦的厨师总是没有说服力，自己也不爱吃不多吃，烧出来的菜好吃也很难。然后还有可以吃得饱饱的主食：龙虾意大利面，换了蛤蜊也很好，三种野菌作料的鸡肉烩饭，又或者煎牛肝伴厚厚一块家常玉米饼。实在吃不下了，喝一点餐后甜酒，稍事休息，再来甜品，是提拉米苏？是蓝莓起司蛋糕？是杏仁口味冰激凌伴焦糖布丁？可以这样吃吗？管他！可以这样爱吗？当然！

当你爱上一个厨师，首先你会问自己，容不容许自己随他一样，如此这般胖下去？把心交给他之前，原来真的把身也交给他了。

厨师当然也有好有劣，碰上好的，还会一粒一粒的有星级数。身边情人你可会为他或她这样评分？如果多过一个的话也许有意义，最怕是丢了一个三星的再等很久才能再出现一个一粒星的，后悔也来不及。

没有这个小朋友那么幸运，原来只是走进菜市场为了买几个番茄，就碰上正在买鸡蛋的那个厨师，电光火石一刹那这个那个四目交投，最爱的不是番茄不是鸡蛋分明就是他是他。后来我在小朋友家的厨房里追问他俩，你们在一起是不是经常吃番茄炒蛋？

厨师，我爱——在还未给我在菜市场、在餐厅、在面包店、在路边摊、在二十四小时通宵超市、在厨房里，碰上一个值得托付终身的新鲜的可爱的白白胖胖的厨师之前，我的厨师我的偶像都躲在书里：意大利名厨 Pellegrino Artusi 著有 *La Scienza in Cucina e L'Arte di Mangiar Bene*，英译 *The Art of Eating Well*，自 1891 年初版问世直至今时今日再版重印一百一十一次，连人带书绝对是每一个意大利家庭厨房的守护神。说他是名厨其实有点误导，因为出身托斯卡尼中产阶级家庭的他是一个成功的丝绸商人，从来没有在开门营业的餐厅厨房中掌过厨。当然他的领地是自家厨房，虽然身边一大堆家厨，但他却经常亲力亲为，一边烹调一边记录意大利各地传统家常菜式，以美食作家的身份奠定了江湖地位。我多次要引证意大利面的一些源流做法，也还是要翻开 Artusi 老先生的巨著。而他在写材料写步骤的同时，也把当年生活细碎片段技巧地融入字里行间，他的作品活脱脱一部 19 世纪末意大利饮食民间生活史。

一提起这些厨中偶像，绝对是一发不可收拾（谁来给我收拾十六人晚餐后有如空袭轰炸过的厨房？），我随手从书架上捡来由广州名美食家江太史之孙女江献珠女士 1994 年在香港出版的《中国点心制作图解》，此书图文并茂具体而微地把点心这等"小事"做大事来办。江女士是矢志把一生心力都交给厨房，且把厨房当作传扬中国美食文化教室的一位力行

01　香港前辈作家杜杜的《另类食的艺术》是饮食文学的新典范

02　下回到我家做客，我对我弄的意大利面还算信心满满

03 听得到的好味道，法国电影 *Delicatessen* 原声大碟

05 有过这样的冲动去当一个好厨师，现在比较懒，还是乖乖地坐下来，光等吃

04 深深爱着蒜头，有一口气吃到虚脱眩晕的经验

06 失败乃成功之母，浴火凤凰是一只烤焦了的鸭

07　“邻家男孩”厨师 Jamie Oliver 红透英伦，又简单又亲切又好的家庭菜式也迷住亚洲一众馋嘴的

09　德高望重“大姐大”，英国饮食作家 Elizabeth David，一盘炒蛋一杯酒，一个下午的优美阅读经验

08　最后晚餐，不知菜式如何？滋味又如何？

10　新偶像 Kentaro 眯眯笑着就弄出了一餐桌色香味俱全，一个新新好（吃）男人样板

11　男人到处睡到处吃，什么都吃的 *Vogue* 时尚杂志饮食专栏作家 Jeffrey Steingarten 除了爱吃还身体力行下厨做实验

12　如何成为大厨？美国星级大厨道尽个中甜酸苦辣

者，1998 年出版美食文化著作《兰斋旧事与南海十三郎》；之后，2001 年初出版《古法粤菜新谱》，把香江旧日著名报人陈梦因的绝版经典食经再编辑整理，并以食谱演释食经，将粤菜传统原理和现代饮食要求生活节奏结合，温故而又尝新，厚厚二百多页重量级精心编撰，绝非坊间一般所谓美食家商业推销式的儿戏行货。

当然还有近年疯魔英国的“邻家男孩”Jamie Oliver，他以 Naked Chef（赤裸厨师）电视食谱系列叫迷哥迷姐食指大动。Jamie 倒是不折不扣的一个餐厅大厨，杀人秘技就是那种看似漫不经心随手拈来的灶头小聪明，家常菜式本就应该是轻松好玩，从来为人所诟病的英式饮食界终于有了一股新鲜有劲的清风。想来这也是 20 世纪五六十年代英国饮食坛前辈美食女作家伊丽莎白·大卫所终生致力推动的成绩吧，说起伊丽莎白，她的食谱精选集《南风吹过厨房》是入厨入门必读首选，她的丰功伟绩也在书中逐一追忆细说。

好的文字好的菜式，看得见尝得到，近十多年英美饮食写作蓬勃异常，有专业大厨如纽约 Brasserie Les Halles 的主厨 Anthony Bourdain 去年新作 *Kitchen Confidential* 道尽风光背后厨房内的甜酸苦辣；又如来自英国的从食物摄影师摇身一变食谱名厨的 Nigel Slater，十年来一本又一本图文并茂厚如砖头的色香味“艳”着叫我几番冒飞机行李超重的险；还有来头不小的哈佛高才生 Jeffrey Steingarten，长

期是 *Vogue* 美国版的食评主笔，结集出版的《一个什么都吃的男人》也是等不及平装版就要买的硬皮大部头好书，书中虽然图片欠佳，但通篇都是家里厨房的纠缠与高潮（包括现烤面包和手做冰激凌），叫人格外浮想联翩。

差点忘了一提最新发现的日本偶像 Kentaro，一个自幼在厨房里看着料理家母亲烧菜的他，如今是新新男人，以男人料理粗中带细的风格取悦一众好食者的味蕾，也以亲民幽默的造型和笑容包装自己，两三年间推出不下十数本精美食谱，从传统日式到意大利、韩国、印度，再到无国籍料理，大小通吃越吃越滋味。旅居纽约的香港作家杜杜近年一直每周撰写的“饮食与艺术”专栏也是我每个周日一边吃 Sunday Brunch 一边必看的好文章。作为一个勤于下厨的男人，他的住家风景中爬过蜗牛打开生蚝跳出龙虾跑了火鸡包好饺子烤成月饼吞下昆虫切好豆腐吃罢花瓣饮过清茶还给洋葱辣了眼，前辈从为食当中悟出生活道理，我等后辈得赶忙在炉灶旁钻个位置偷偷师。

这些在厨房中翻云覆雨的高手往往最叫我羡慕，他们带给身边亲友以至读者观众的，是最直接最到位（到胃？不是倒胃）的享受。试想想一天到黑在外头奔波劳累的你我其实常常吃力不讨好，倒不如在回家的路上张罗些好材料，回家为自己，也为应该下了班的身边人弄点像样的，在有机会爱上一个厨师之前先爱上自己，把自己武装成一个厨师、一个“杀人”同时讨人欢心的厨师，不求烧出一桌酒席，只从简单做起，简单最能感动人，如一碗葱油开洋拌面、一片大蒜薄煎牛扒、一锅豆腐味噌汤，一点一点尽尝人间真滋味，利人利己口腹，快乐满足。

当你把一头大汗一脸油烟抹去，当你把黑色棉布围裙除下，当你从战场一般的厨房里走出来，请小心四面八方射来的欲望的箭，老实告诉你，厨师的确是最性感最可亲的身边爱人。

延伸阅读

Oliver, Jamie, *The Naked Chef*, London: Penguin, 1999.

Oliver, Jamie, *The Return of the Naked Chef*, London: Penguin, 2000.

杜杜，《另类食的艺术》，香港：皇冠，1996。

(Ed.)Colin Spencerand Claire Clifton *The Faber Book of Food*, London: Faber and Faber, 1993.

Dornenburg, Andrew and Page, *Karen BecomingaChef*, New York: Van Nostrand Reinhold, 1995.

Kentaro, Kentaro 料理丛书，东京：主妇之友社，2000。

吉尔·诺曼，《南风吹过厨房》，方彩宇、陈青译，台北：脸谱出版，2000。

Artusi, Pellegrino, *The Art of Eating Well*, New York: Random House, 1996.

眼看他楼塌了

“我认为摩天大楼已经完了。”德高望重的国际建筑界龙头老大 Philip Johnson 如是说。

时为 1996 年，他九十大寿之前受 *Skyscrapers* 一书作者 Judith Dupre 访问时，一字一句道来：“为什么我这个建了这么多幢摩天大楼的人会说这样的话？因为摩天大楼的建造再不是因为经济需要，It’s pride。”

骄傲，炫耀，向高空发展，接近神，In God We Trust，至少要接近象征财政安稳之神玛蒙（Mammon）。财雄势大富甲一方，所以骄傲所以炫耀“在我们这个年代我们赞颂的就是摩天大楼文化，站在高高楼上我们就是这样看世界——”

站得高，望得远？

9 月 11 日，巴黎的下午。刚完成了长途旅程上的所有公事，一如既往地身体本能松懈颓倒，疲惫不堪。友人还兴致勃勃逛街，我只能撑着陪走一段，然后回旅馆休息。回到小小房间，顺手按开电视，就是这一秒钟，高楼塌于眼前。

看到的，听到的，此时此刻，有多真实？有多虚幻？

房间小小，昏暗中我缩得更小。CNN 的荧光惨蓝惨白地覆盖过来，是重是轻？反正再也不能承受。

我开始乱拨电话给在纽约的挚友，他的办公室就在世贸广场的对面。拨不通是因为我根本就乱得按错了，拨通了却是更叫人堕入深渊的电话留言，“我只想听到你的声音——”我端着话筒，向另一端的无尽黑暗颤抖出这一句。

然后我想到爸爸妈妈，纵使人在香港人在巴黎都应该安好，我还是要让二老不要太担心我这个长期在外的爱玩的“小孩”。拨通了电话两头都是悲哀惶恐，我第一次同时感受到和挚爱家人在一起的亲密与无助。这不是一件家事，这是我们共同经历的一次意外。父母辈经历过战争逃过难，万万想不到在这个太平盛世的晚年会耳闻目睹又一场惨剧。

眼看他起高楼，眼看他宴宾客，眼看他——

1966年世贸中心双子大楼奠基典礼上，大楼的美籍日裔总建筑师山崎实（Minoru Yamasaki）向来贺的宾客发言：“世界贸易意味着世界和平……世贸中心大楼就是人类致力于世界和平的一个生动的象征。”双子楼从来没有像帝国大厦、佳士拿大楼以至AT&T大楼那样贵气迫人，它采用了平淡实在的国际式风格，摒弃一枝独秀的侵略性的厉害，用双塔形式暗示平等、交流、对话的可能。也因为地处要害，它成为纽约曼哈顿港口的必然地标，更成了美国金融经济甚至美利坚精神的图

01 多年前中东之旅途中买来的一对碗，潇洒泼釉，自有一种游牧民族的适性随心

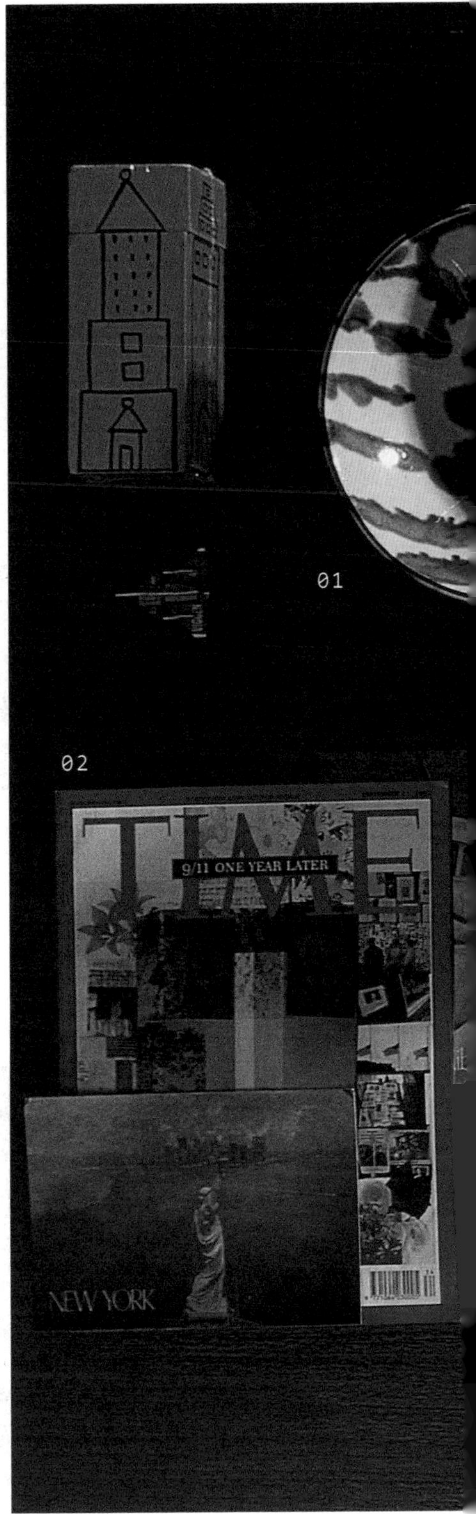

02 越来越看不下去的 *Time* 杂志，大美国观点一面倒，受不了

03　冰冻三尺非一日之寒，深仇大恨不会在一天之内凝聚，也不可能一天就解决

05　坦诚相对？政治外交游戏从来就不容易玩

04　知识分子的良心，语言学者、思想者、批判者诺姆·乔姆斯基当头棒喝，反思“9·11”

06　当年双子大楼落成之日，美籍日裔建筑师山崎实一心祝愿世界和平

07　是否天谴谁人知?

09　笔记本中有当年途经芝加哥，抬头手绘 John Hancock 中心的速写

08　折出一架没有杀伤力的纸飞机

10　翻得快要破的一本纽约旅游手册，封面赫然有线描双子楼

11 “9·11”后世界各地建筑师各自提出 Ground Zero 的重建方案，至今仍未有最后定案

12 一笔一画，追求和平圆满美好的图案该怎样绘画下去？

腾。建筑从来都为政治为权力服务，空谈建筑的艺术性其实也等于看平面照片上的双幢摩天楼。如今我们不仅目睹天崩地裂灰飞烟灭的一刻，在我们面前堆叠起的报纸杂志大版小幅更是如废墟如鬼蜮一般的倒塌现场，七万八千吨钢根经过摄氏二千度高温软得站不起来，扭曲变形用另外一种姿势去面对另一个世界。

从这一秒钟开始，世界再不一样，你我也再不一样。那个夜就让电视一直开着，清晨在寒气中我猛地醒来，下楼买的《解放报》报头没有文字标题，“11.Sept.2001”这个日子打印在纽约的晴空里，没有什么可以说，只剩下这个日子要记住。

这个早上我要离开巴黎回到香港，回到家，还有这个会要开那个人要见，未完成的稿件要修改的图画，我的工作要如常继续，还是要这样绕地球团团转飞来飞去，我们努力工作，为自己，也为身边的人，生活得愉快一点有趣一点，在现实里偷空做梦——但现实毕竟太残酷，我们苦苦建立，标榜创作、宣扬开放公平，更把爱挂在口边，如今一切崇高的理想的骄傲的都颓倒于眼前。我们竟然要在这破败倾亡的震撼中才有所领受，这是什么世界？

这是个恐怖世界！一方有被“一口咬

定”的罪大恶极的恐怖分子，一方有誓死将战争合理化公义化的复仇勇士。一众起立鼓掌逾三十次的一篇总统国会发言：“你要么跟我们站在一起，要么跟恐怖分子站在一起。”为什么我不可以自己有自己的立场和态度？为什么要被框在这个霸道的极端二分法的逻辑里？CNN和其他同样被国殇情绪笼罩的电视台，越看越听越叫人不安。我想我应该明白什么叫哀痛，但为什么美国的人命会比中东的人命值钱？不可不知长年战火中伤亡之流徙的中东平民百姓数以百万计。对不起，抬头有晴空中无辜化成烟缕的冤魂，也许他们现在才可以把这个世界的残酷不义看得清楚一点。

惭愧自己一向对严肃的国际政治经济新闻认知太少，在震惊中企图尽量地在种种对紧张局势的分析评论里整理出一个看法，或者说，一个看法也不足以解释为什么会是这样为什么竟然可以是这样。但我确信战争也就是恐怖行为，以眼还眼令人盲目，生灵涂炭情何以堪？

漫天战火中忆起曾经走过的壮丽的阿拉伯土地，惦念那些贫穷正直心地善良的平民百姓，耳边有天真烂漫的孩童笑声……在这本来就不公平的世界里不能再有更多的国族仇杀，不能让自由、平等、公义这些理想变成作呕的谎话托词，不能让民族主义霸权主义膨胀自大，不能把集体惩罚跟公义混淆，不能让世界更加恐怖。

眼看他楼塌了，世界应该不再一样，我们应该不再一样。

延伸阅读

Dupré Judith, *Skyscrapers*, New York: Black Dog & Leventhal, 1996.

诺姆·乔姆斯基，《9·11》，丁连财译，台北：大块文化，2001。

闲得要命

最近闲得怎么样?

闲得把林语堂先生的《生活的艺术》《吾国与吾民》,还有他的其他散文选辑佳句摘录,甚至把他的数本传记都拿出来再读。早已翻得皱皱的书页一边翻,一边发觉有些句子早已随口背得出来:

"中国人在政治上是荒谬的,在社会上是幼稚的,但他们在闲暇时却是最聪明理智的。"

"我欣赏一切的业余主义,我喜欢业余的哲学家、业余诗人、业余摄影家、业余魔术家、自造住家的业余建筑家……"

慢慢地闲,然后又闲得很快,很快地把身边带着的Lomo(乐摸)相机掏出来,拍拍面前喝醉了的一堆人,有人偷哭有人狂笑,窗外还有红花,有蓝天,有绿树,对呀,已经是早上了,各种型号的Lomo相机在大太阳底下拍出来的颜色最厉害,听说还可以把你拍好的作品拿去比赛,不,要比赛就不够闲了,我们来分享来展览,无无聊聊的,正是我们所期待的。

再下来闲得皮肤都干了,法国Biotherm的Aquasource润面霜真的很好,人家牌子的那么一小瓶里说有什么八杯十杯水,这一瓶的水据说有几十杯。用了这么一段日子,从托人由巴黎远道买回来到贪便宜在曼谷买折扣货,到现在正式在面前登陆在地铁车厢卖那么一个美女大头广告促销,最不爱理自己面目身世的也该偷点时间照顾一下自己吧。

然后闲得有时间去病，尤其是肠呀胃呀折磨人的痛。如果很忙，是没法去病的，你会因为没时间反复来回办公桌与卫生间而决定不要再肚痛了。就是因为你闲，你会放松一点地吃喝，一不小心就吃坏肚子出状况。至于闲出相思苦闲出心病，有点古旧，又是另一回事。

闲得骑脚踏车翻山越岭，从自家后山一直骑到阿尔卑斯山；闲得一个一个单词地默记用米黄色圣经纸精印的以护目力的 1997 年 10 月版《远东简明英汉辞典》；闲得去泡泡这个那个野温泉，在家里也意思意思的常备乳白色的虾夷之汤和紫藤色的丰之国之汤，每次把整包粉末放进注满热水的浴缸里的时候，都觉得在做一碗可以喝的甜甜的热汤。再闲得就是在零下八九度的晴朗的冬日游游湖面结了冰的北京北海公园，逛逛永远在节日状态的上海外滩公园，三更半夜出现在西门町那一家永远记不起名字的通宵营业的有好喝的虱目鱼汤的小店，切记不是要做什么游记指南专题采访报道，更必须放下什么潮流直击文化观察的身份角色，只是经过，没事，玩玩。

这算得上什么闲？你说。我们本来就该这样日常生活，都是些不必要周章准备的基本动作。“我们于日用必需东西外，必须还有一点无用的游戏与享乐，生活才觉得有意

01　“两脚踏东西文化，一心评宇宙文章”，大师林语堂以闲心处之，成绩显赫，换了我辈，必定忙得要命

02　北京画家田黎明宁静透明的生活感受，叫人神往

03　那回在上海，在东兄招待以好菜好酒，饱了醉了累了，忘了秉烛夜游

05　最欣赏 Lomo 相机的一句宣传语："Don't think!!"别想太多，按下去再算

04　管他春夏秋冬，让我们泡汤去吧

06　看到扇子，就想起画家于彭，和他没有空调的家

07 Easy Tempo，未放进唱盘已经懒起来

09 老祖宗的闲情要绪，至今仍然受用

08 到了威尼斯，荡在水上，想快也快不起来

10 在最忙最混乱的伦敦希斯罗机场买来《懒惰的艺术》，也算是一种英式的幽默

11 喜欢朱新建，就是因为这个歪歪的茶壶和茶杯

12 柏林乐队 Jazz Anova，荡来飘去地把音乐剪贴妥当，绝不等闲

思。我们看夕阳，看秋河，看花，听雨，闻香，喝不求解渴的酒，吃不求饱的点心，都是生活上必要的……”周作人先生早在几十年前都写过了，问题是我们越来越闲不了，也越来越追求闲这种这么近那么远的状态。一个“闲”字是我们的致命，追求闲，只因为我们太累。

累，就真的不必说了，要是真的要全面地去组织去认识这庞大的困身的吓人的硬的累的种种，本身也够花时间够累的。生来为了工作，活着为了完成，无时无刻我们不在打算不在企图建立一些什么，建立之前又要摧毁一些什么。本来有人擅长建立有人专职摧毁，但人人都贪心人人都希望扮演两个或以上的角色，结果是来不及摧毁也建立不成，倒是花了很多精神花了很多时间跑来跑去劳心劳力。我们很容易搬出生活逼人这个借口，但实际上并未想清楚我们要的是什么样的生活，还是那种小孩子气的你有的我也要，我有的就是不给你，到头来是自己逼自己，逼出镜中人目光散乱惨不忍睹。

累，也就像呵欠一样会传染，累开去了就互相牵累。团团转到某一个位置，怎么再也转不下去挣不下去了。也许说，累是自然不过的了，累了，就好好睡它一顿，从晚到早从早到晚，问题是体能大致恢复过来了，精神却还是那么疲累。有人会选择看看中医调理调理，有人会选择喝药，有人会选择摇头。

因为累，所以要自己更累。在强劲的电音节拍底下在激光的切割中，义无反顾尽地一铺，企图释放贮藏于身体深处的最后能量，不断重复不断动作，累得死去活来，能够活过来，也就好了。因此也忽然明白为什么跳到天亮跳到最后需要 Chill Out，放的都是冷冷的懒懒的像是在 Lounge 酒吧间里的音乐——

实际上，走进淘儿走入 HMV 以至诚品音乐，都有专室专柜一大堆 Easy Tempo 的 Trance、Acid Jazz、Ambient 和 Dub 类型音乐，浮荡迷幻，大家也乐意把这些音乐作为日常生活背景——《远东简明英汉辞典》里“lounger”一词，一解作躺椅，二解作游手好闲者，明白不过。

追求闲，是因为太累，如此累，是因为弱。你弱我弱，早上撑着起来撑着出去，面前有丑陋的政治巨人恶毒的经济巨人，连腐败的机关官僚甚至疯狂的恐怖分子都是如此体积庞大，与企图乖乖生活的你我强弱对比悬殊。

此刻耳畔萦绕不止的，是我的永远偶像 Sting 的单曲 *Fragile*。说来巧合，他今年在意大利的巡回演唱，就是以脆弱的 *Fragile* 一曲做开首，众多场数中挑好来做现场录音灌制唱片的那一晚，偏偏就是 9 月 11 日。

早在十多年前已经写好的这一段歌词，竟然脆弱如现实：血肉和钢铁一体，夕阳颜色中默默，明晨的雨会把痕迹洗去，永留的是心中思念的人。此生如此最后一击，空空无力的暴力，愤怒星宿下的你我，且把自家脆弱暂忘。不断不断雨下，如星之泪；雨下不断不断，如你我脆弱。

延伸阅读

郑在东，《北郊游踪》《台北遗忘》，台北：汉雅轩，1991，1992。

郑在东，《郑在东作品集——何不秉烛游》，台北：大未来画廊，1998。

田黎明，《生活日记》，石家庄：河北教育出版社，2000。

冷冰川，《二十四节气的恋人》，上海：上海文艺出版社，2001。

丽贝卡·索尔尼，《浪游之歌》，刁筱华译，台北：麦田出版社，2001。

林语堂，《生活的艺术》，北京：外语教学与研究出版社，1998。

Robins, Stephen *The Importance of Being Idle* London: Prion, 2000.

李渔，《闲情偶寄》，北京：作家出版社，1996。

活到老

我想我是乐疯了。

当82岁高龄的钢琴手Ruben Gonzalez被乐团的年轻乐手搀扶着缓缓移步出台前，在聚光灯下向台下乐迷们挥手致意的一刹那，我和身边的一众早已按捺不住，狂呼着起立，拼命地鼓掌，而当老先生的双手一放在琴键上，刚敲出曲子开首的几个音，全场由屏息静气鸦雀无声突然又轰雷似的再度狂热鼓起掌来。

Buena Vista Social Club，传奇性的古巴乐团，近年处处掀起乐潮，在德国导演温德斯的纪录片镜头下，一众乐手的创作、演出与生活更直接更细致地以影像和声音活起来。钢琴手Ruben Gonzalez、吉他手Compay Segundo、歌手Ibrahim Ferrer和Omara Portuondo，各自都是独当一面的艺术家，连同团中其他同样厉害的乐手，向全世界乐迷展示了古巴音乐的多元丰富无限热情。作为普通听众，我想我没法分出Rumba、Mambo、Son等音乐类型如何汇合成Salsa的节奏和曲式，也没法寻根探源了解古巴音乐中的非洲传统。我只知道，每当CD唱盘转出BVSC的古巴音乐，更何况这晚置身音乐会场，我是马上被乐曲吸引被气氛感动，音乐是如此抽象也如此真实。当我进一步了解乐手们这么多年来面对的种种国家社会人事的变幻起伏，经历的大情大性大喜大悲，难能可贵的是他们对音乐对生活的一往情深、持久的继续热情，此刻耳畔听的不只是音乐，是几十载悲欢生活的沉淀和提炼，是对强盛生命力的赞叹。动人心弦的是脸上堆积的岁月痕迹，都在为年龄和经历骄傲喝彩。

面对这些永不言倦的老先生老太太，作为后辈的我们绝对汗颜。娇生惯养怕苦怕累，一味贪心却维持不了三分钟热度。对人对事即用即弃，字典里既找不着“坚持”，也查不出“热情”。我们大抵有的是一时冲动，恨不得身边的都爱都占有，紧张的是别人如何看我：外在的、表面的我——因此努力的是减肥瘦身、运动健美，嘴里说的堂皇为健康，但心里求的是青春，求青春求不老是因为怕老，怕老得丑老得糊涂。怕是因为没信心，对目前的自己已经没信心，如何活到老？

左思右想关于年龄关于老，把这个问题带着上路，其实答案自然明白不过在身边——

到达意大利米兰Malpensa机场，比预计地早到了两小时，飞往伦敦的班机还未到。也好，就在Ettore Sottsass这位老先生的游戏室内玩玩耍。作为国际设计界的殿堂级人物，Sottsass以其一贯的前卫破格，经历了许多许多“当年”，当年他作为Olivetti的设计顾问，从打字机时代到计算机时代都有签名作；当年他领导一众成立Studeo Alchimia以及Memphis团队，催生了设计史上的后现代风潮，在实用功能以外强调感情和象征意义。当年他设计了米兰机场，室内处处皆有玩具积木风格；当年他摄影、绘画、写作、陶塑、铸造……

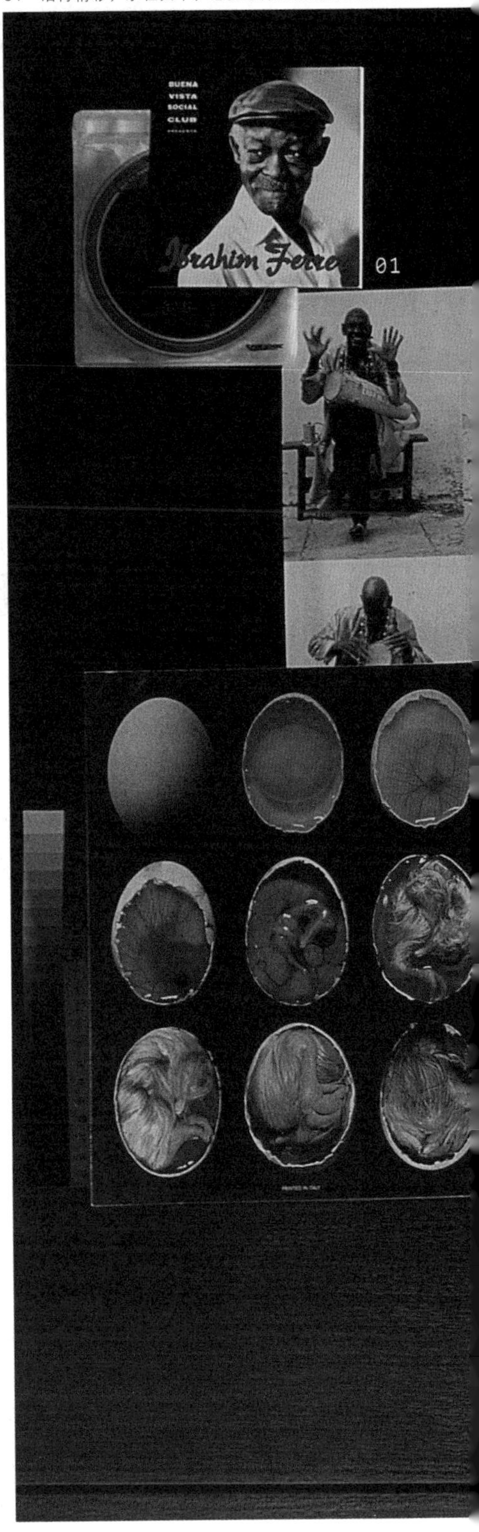

01

02 如何量度一生功过?

03 当今世上最受尊敬的意大利设计教父，永远年轻永远好奇的 Ettore Sottsass

05 德国导演 Wim Wender 一出《乐士浮生录》，再次掀起了古巴爵士乐风

04 英国国宝级设计夫妇档 Robin&Lucienne Day，老当益壮，评理论事仍然火力十足

06 Lucienne Day 的布料纹样设计经典，领一时风骚

07 *Colors* 杂志内容时有惊喜，以美国退休老人为主题的专辑 42 号，老得有尊严

09 约定有天老了要穿一身漂亮的黑

08 Sottsass 的手绘设计草图，处处见烂漫童真

10 我们的客家村妇也从来酷得不示弱

11　从来没有拥有一个表的需要，管他老之将至

12　亲爱的Omara，那天我在台下拍手拍得红肿，雀跃呼喊得声嘶力竭，只想说一句，谢谢您！

直至84岁高龄的今天，依然全速前进，日新又新，年年展示叫人眼前一亮的建筑设计创作，他的名字他的经验他的年龄就是他的财富。他向年轻人展示的是最新鲜活泼最青春的创造力。

就像刚刚在4月举行完毕的米兰家具大展，Sottsass也的确创作踪迹处处：他一直钟情于日本传统的漆器制作，四十年前在京都小店里买的一个上好的精致漆盒，一直不离不弃地在身边当作摆放日常细软的神奇宝盒，因为他觉得这些制作极度严谨、花工费时的古老漆器制作技术，不仅代表了一个民族对器物的迷恋尊重，更代表着对美好的跨越时空的氛围的一种渴求和保存，如今Sottsass终于有机会把他长久以来的一种崇敬变成现实，在日本漆器工场Marutomi的邀请下设计了一系列珍藏限量的高级漆器，既保持一丝不苟的制作工序，造型和物料配搭却又是天马行空。同时他又跟意大利金属工作坊Serafino Zani合作，刻意重新应用渐被遗忘的传统物料Pewter白。这种金属与铅的合金软硬适中，可塑性强，最适合模制打造成各种形态的盛器，打磨完工后依然保留手感，绝非一般机制产品所能及。Sottsass以“Just for Flowers”为题设计出好几个精准有如微型建筑却又带颠覆放肆的盛器，叫这种古老的物料充满了当代的能量。Sottsass

于当下的实践，也就是对老与不老的缜密反思和诗意诠释吧。

旅程继续，匆匆逗留伦敦一天，为的是看 Barbican Gallery 展出的 Lucienne Day 跟 Robin Day 这对英国设计经典夫妇档的回顾大展。84 岁与 85 岁高龄的两位前辈依然健在，录影专访中神采奕奕娓娓道出战后如何在萧条中，为复兴国家经济、改善民众生活水平而设计出又便宜又好的日常家具和家用纺织物。迄今为止，Robin Day 于 1962 年设计的可叠式塑料椅子，已在全球售出一千四百万张，堪称 20 世纪最具民主精神的设计作品，而妻子 Lucienne 的织物设计，更是空前成功地把高档艺术带回家居日常，影响深远地刺激了一代又一代的追随者。二老以一生的功业做示范，叫我们深思日常随口说说的敬老，原来真的有需要有意义。敬老，原来就是尊重人文创意的承传，尊重人尊重自己。老人，也绝对不是坐守神地位的活化石，就像思路依然细密、照旧有“火”的 Robin Day，他一直以身作则，作为英国设计新一代的守护神，严厉批评没远见没胆色的英国家具生产商，他们对创意十足的新进设计者没有基本的支持和鼓励，以致人才完全流失到意大利、法国、德国等积极和有见地的设计厂商手中。这些殿堂级老将洞悉世情又不为俗务缠身、不为声名负累，老得精彩厉害。

同样有一把年纪，同样是与时并进，人老心不老，活要活出一种强韧却又释然的态度；活到老，原来是人间世上莫大的荣耀。

延伸阅读

Wenders, Wim and Donata,
Buena Vista Social Club,
London: Thames & Hudson, 2000.

Colors Magazine No.43.

Sottsass, Ettore,
The Curious Mr Sottsass,
London: Thames & Hudson, 1996.

Jackson, Lesley,
Robin&LucienneDay:
Pioneers of Contemporary Design,
New York: Princeton Architecture Press, 2001.

Buena Vista Social Club Presents Ibrahim Ferrer
WCD055
Omara Portuondo WCD059
Orlando Cachaito Lope2 WCD061
Ruben Gonzalez WCD049.

Compay Segundo
Lo Mejon de la Vida EW851.

离开之后到达之前

常常告诉自己，要离开。

说说容易，想想更是精彩，然而一切都在准备中，越仔细周详准备，越与眼前的人事纠缠不清，笑着看着自己泥足深陷，假若有天真的可以离开，半湿半干的泥巴应该占体重的一半。

离开到哪里？哪里都可以！在那里可以安安静静地读一本书，写几封信（不是电邮），吃当地的蔬果交当地的朋友；那里当然有风有雨甚至有雪，夜里亮了灯还有从窗外飞进来的蚊，蚊咬人，红肿而且痛，痛过了红肿退了，人再也不一样了。

离开要有勇气，即使一时冲动也是一种胆色，更何况来来回回，反复考量思索，经历成就了个人。这样的人其实就在身边，相知相交，可会影响你往后的挪移？

三更半夜，印度孟买机场。毫无倦容的陌生脸孔在眼前移晃，刚抵达的我在等他，一个十年前相遇一见如故的意大利人，每次话别都笑着说将来某时某地再会，这回果然决定我起行，他在家。印度，他的第二个家。

他叫 Andrea Anastasio，意大利家具设计圈子中颇受重视推崇的一个名字，十年前在米兰相遇，他的人出奇的沉静细致，作品却泼辣飞扬，那时他专注玻璃灯饰，把在印度搜集来的七色五彩灵感，回威尼斯穆拉诺岛（Murano）上肆意发挥。一鸣惊人之际被意大利灯饰厂商如 Artemide 罗致，一季又一季推出叫好又叫座的设计。

早在1992年的Milano/Venezia系列，他把在印度初体验的鲜艳厉害颜色和常规以外的形体注入设计，挑战Murano玻璃的可能性，他在玻璃中引证、总结、衍生他的设计人生哲学——玻璃选择了他的同时，他在玻璃中找到自己：最热然后最冷，最坚硬亦最脆弱，要不流畅利落要不碎作一塌糊涂，可以浑浊可以透明，可以单调可以彩色，正正如男人，如他自己。及至1999年在Design Gallery Milano发表的设计系列Ospiti，是他十年来印度行脚的精彩总结。无论家具、灯饰，还是花瓶、首饰，都是虚实空间的游戏，不同物料质材的相关组合，出其不意却又自然如呼吸，著名设计评论家Andrea Branzi认为此批作品深得印度理性主义（Rationalism）精髓，又与印度教的神秘主义巧妙呼应，在极其理性操控的概念里又有千变万化的形态，这正是Andrea手到擒来的修炼成果。而在2000年初再为Artemide设计的Brezza系列中，他暂且放下了玻璃，研究起彩色轻纱纠缠层叠光源的效果，细致感性地为工业量产的冰冷加添了人性的温柔，冷静而安稳地，自己动手，信念宣言清楚不过。

其实他聪明，他远离故乡罗马，也不留滞在设计是非焦点的米兰，他选择长时间留在印度，一留便是十年。这一趟，他在孟买的一个展览画廊展出他近年在印度

01 Andrea1992年的作品Jikan，一个混合木材、金属与玻璃的实验，Memphis Extra制作

02 千禧年初Andrea的设计大展“Post India”在孟买举行，各方好友特地从世界各地飞来道贺

03　越是古老的文明，越有现代化的发展潜力。Herbert Ypma 的 *India Modern* 一书，引领大家从一个现代设计的角度重新认识印度

05　巧妙心思的再一次呈现，东西交流融合出精彩好东西

04　木地磨漆的台灯 Zenith，印度传统精神意大利造型演绎，鲜明利落

06　千禧大展有幸赴会，怎能不跟 Andrea 详谈专访？

07 1990 年跟他在米兰初相识，在一个宁静优雅的园子里给他拍下的照片

09 用印度当地大理石雕刻拼贴的图案感强烈的系列花瓶

08 意大利灯具名牌 Artemide 跟 Andrea 合作经年，1992 年发表的 Gorgone，是他又一次用玻璃表现印度灵感

10 民族工艺店中一列排开满天神佛，价钱也不看就买下二三十只各自不同的厉害角色

11 人处印度，抬头转身尽眼望去，都是传统纹样图案

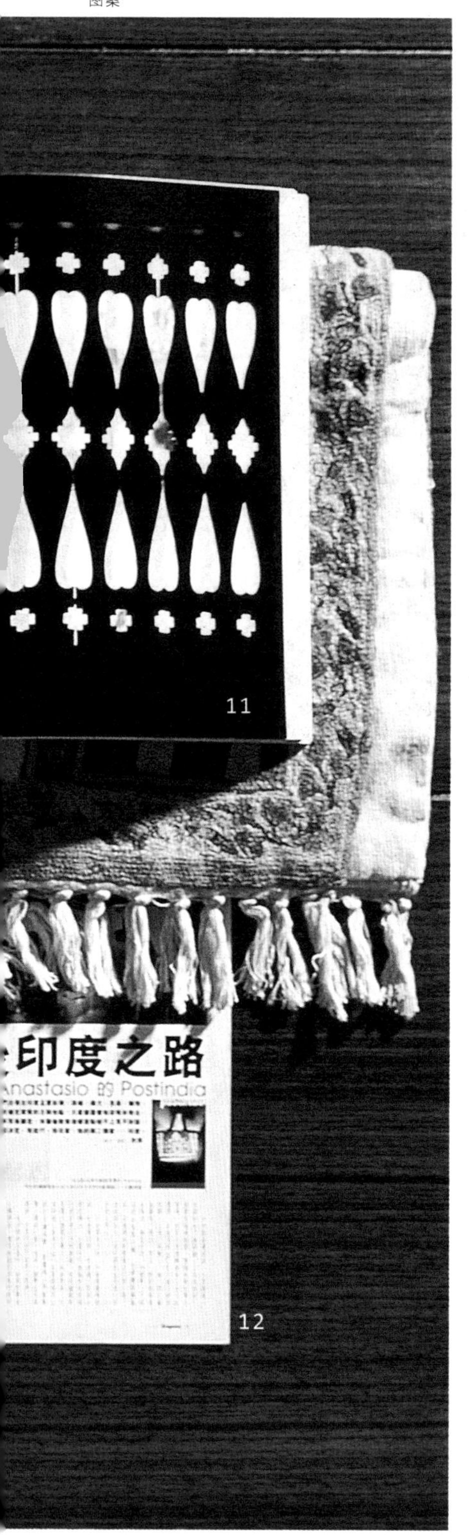

12 印度的传统纺织物也真的叫人看得心花怒放，请多携两只手提箱上路

设计生产的几十件作品。这当然就是我离家远行来访的借口。

千丝万缕情意纠结，一个意大利人选择了印度。连带他身边的一众亲人朋友学生，都先先后后地离开生长原居地，向这个蕴藏丰富惊人的东方古老文明靠拢。自家的、人家的文化在某个层次上相互交融碰击，影响个人推动集体，浑然成一家。叫人迷惑而又感动的是 Andrea 的孪生兄弟——画家 Luigi，也是百分之二百的印度迷。

跟他走在孟买街头，在初春温暖潮湿的夜雾中，好好呼吸一口印度空气。空气中我尝试领受它从远古到现代的宗教、文化、历史气氛感觉，努力地断断续续地阅读、听述、感受和经验这片土地上的政治经济社会民生现实。我企图探究理解一个意大利创作人为什么把他生命最重要的几十年，还有往后的好多好多日子都安放在这里。我没有开口直接问他，我只暗暗希望我的短暂勾留可以明白感受。

其实当早上太阳出来，当人们由稀疏到接踵地走在街上，当大家开始流汗揩汗，当人车争相吆喝鸣叫，当刺鼻的香料熏眼的油烟扑面而来……我知道我已经明白，这里迷人留人，是因为这里有能量，一种生活的、真实的、人间的能量。

Andrea 肆意地吸收这里的能量，同时也懂得放下文化包袱，放下意大利的、印度的文化包袱。越认识越了解人家的、自家的文化，就越懂得放下；只有放下，才能活出自己，才能叫自己的设计新鲜有趣，才能把云石、钢、木材、玻璃、塑料、棉纱，一切道地的材料无保留无顾忌地加工演绎。忠于原著不是他的本分，他来，是要玩，更难得的是他身边的都是好玩的，一同玩出一种时代的精神和态度。也得活，活在时空超速转移的今时今日，开放灵活地理解和实践“家”这个既安定又流动的概念——Andrea 设计的都是家具家居细物，究竟在用途上功能上价格上重量体积上，还有美学上感官上，新鲜有趣在哪里？他一直在找答案提问题，向自己也向大家。

展览设在孟买市郊一个由废置的纺织旧仓库改装成的展览场中。展览是展览也不止展览，我们吃喝我们跳舞，这个宽大开放的空间结构一如理想中的印度，最神圣也最世俗，最高贵也最穷困，最光亮也最黑暗。酒醉舞罢，夜正年轻，似乎没有人愿意离开，然而我们都知道我们毕竟要离开，离开家，离开所恋所爱，离开因循守旧，离开自以为是，离开之后到达之前，当中最珍惜的是流动的跌宕过程。

延伸阅读

Ypma, Herbert J.M., *India Modern*, London: Phaidon, 1994.

(Ed)Taschen, Angelika, *Indian Interiors*, Koln: Taschen, 1999.

Lloyd, Barbara, *The Colours of Southern India*, London: Thames & Hudson, 1999.

www.Artemide.com

北京乎

一万二千五百七十二英尺高空，我阅读面前的飞行资料电子看板得此高度。此时，我在阅读北京。

看书就是看书好了，叫它阅读是重视？是焦虑？飞往北京的途中，我是近乎贪婪地急忙地阅读一个陌生的、古远的、庞大的城市。

北京三联书店1992年第一版，姜德明编的《北京乎》，是自1919年至1949年现代作家笔下的北京种种风物人事。1997年复刻重印，原名《北平旅行指南》的厚厚一本，是马芷庠著、张恨水审定，1935年出版轰动旧京人手一本的旅游指南。图文并茂，《老北京——巷陌民风》，是江苏美术出版社叫好叫座的老城市系列中热卖的一本，徐城北撰文，大批珍贵的旧照片由中国照片档案馆提供。当然还有北京燕山出版社的长年畅销书，1992年版翁立著的《北京的胡同》。北京市旅游局编写，作为导游人员资格考试口试指定参考书的《北京主要景点介绍》；从图书馆借来的、中国旅游出版社的《北京趣闻1000题》；刻意比较上海和北京的杨东平著的《城市季风》；香港三联版的《上海人，北京人》，至于刚在上机前在书报摊买的、售价八十港元（有点贵）的，是北京"同志"故事，同名电影原著小说《蓝宇》。

我看得了那么多吗？倒不如说，这北京的古往今来种种，在我决意要把渺小的自己投入其中的同时，面前的有点沉的一本又一本——文字与图像，是即食的、让人略知北京一二的入门（进城？）参考。

"经过丰台以后，火车着慌，如追随火光的蛇的急急游行。我，停了呼吸，不能自主地被这北京的无形的力量所吸引……在北京大学中我望见学问的门墙，而扩大我的道德者是这庄严宽大的北京城。"孙福熙，1925年在《北京乎》一文中如此写过。当我打的士从机场进城，沿路高大得煞有介事的绿树在冬日全变秃秃的肃杀出一种气派；然后堵车在路上，车窗外墙高门厚的政府机关门前警卫在刺骨寒风中照样威武英挺地站岗，眼也不眨地已经慑人。

“盖柿出西山，大如碗，甘如蜜，冬月食之，可解炕煤毒气”，我在上宛艺术家村退休了的电影学院老师老邢的家里，接过那室外零下十度冰镇过的肥大软滑的柿子，撕掉柿皮一口咬下去，几乎可以发誓从此不必再吃Hagendaz。

“北京人是讲究走路的。因为老北京城无论大街小巷，多是横平竖直，所以北京人走路无法取巧，无论选择什么路线，到头儿都是拐硬弯儿，比较比较也还是一样长短。即使是这样，北京人走路依然是有选择的。走大街，干净倒是干净，就是乱，搅和得你不得安生。穿胡同，鞋子容易吃土，但似乎更安全，你不愿意见的人或事儿，多绕一下也就‘躲过去’了。”徐城北在《悠悠的胡同》中，语带双关地聊起“走路”这件事。我们这些刚到的外地人，无论如何，也只能伸手叫出租车，还是少了那些真正穿街过巷的体验。但那些笔直宽大的看不见尽头的大街、那些夜里黑乎乎的胡同，正大光明也好注定迷路也好，我倒是极好奇极有耐性地一边走一边把这些街道胡同古今名称好好地对照念熟：曾经叫喜鹊胡同的今叫喜庆胡同；大哑巴胡同今叫大雅宝胡同；无量大人胡同却成红星胡同；交道口南八条和南九

01 泱泱大都，初到北京的怎能不被北京的格局气势所慑住？从建筑入手，是了解认识北京的一个切入点

02 往日的“神”，今日更加流行

03　学生时代，熬三十个小时的火车上京，为的是看看天坛、天安门、紫禁城、国子监……

05　长城脚下，十二位亚洲年轻建筑师各显身手，在中国走得最前沿最大胆的地产夫妇张欣和潘石屹的策划组织下，设计了风格各异的十二幢理想住房

04　一眨眼便没入历史的北京的老胡同，要看得赶快上路

06　不知怎的住进了高贵的“中国会”，过了一下王孙公子的瘾

07　作为一国之都，终于有一本比较方便和像样的城市地图

09　北京的有点污染的空气中依然有上几代的余韵，京剧大师梅兰芳经典唱段是绝版珍藏首选

08　读来读去，两册《北京乎》是认识有点遥远的旧北京的最佳读本

10　多年前在北京买来中华书局辑印的清末朱彝尊编的《词综》，康熙年间的刊本影印，为发思古幽情必备之书

11　好好学习，天天向上，有疑惑，要发问

12　国画大师关良的涂鸦，绝不逊色于现在街头年轻一族

条分别叫板厂胡同和炒豆胡同……望文生义又刺激想象的太有意思。汪曾祺先生在《胡同文化》一文中生动地说：“北京城像一块大豆腐，四方四正。”这种方正不但影响了北京人的生活，也影响了北京人的思想，“胡同文化是一种封闭的文化，住在胡同里的居民大都安土重迁，不大愿意搬家”。几十年甚至好几辈子住下来，对物质要求不高，易于满足！有窝头，就知足了；大腌萝卜，就不错；小酱萝卜，那还有什么说的？臭豆腐滴几滴香油，可以待姑奶奶。虾米皮熬白菜，嘿！一个“嘿”字，响亮痛快得都是京味儿，但叫我同时疑惑的是，如此知足的北京人现在还在吗？古都城墙荡然无存，有别于自古基本的“南北贯道通”的交通格局，现在是“东西打开”的新局面，新东西进来了，且以失控的速度在衍生在建筑。《北京乎》一书中诸位文学大家、学术泰斗如鲁迅、冰心、周作人、胡适、俞平伯、沈从文、萧干、巴金、老舍、朱自清、郁达夫、梁实秋、林语堂，他们的北平/北京如今已经面目全非，我们在字里行间读到的是浓得化不开的旧京深情，一砖一瓦一草一木都奇妙得如有深厚文化——我们站在人如潮涌的王府井街头，却变得正在发生的好像才有意义，从前的一切，啊，原来如此。怎样从过去能够一步一步地走到现在，触目惊心，而且也着实太沉重——

从故宫三大殿北望，一排高大的办公大楼严厉地遮断通往中南海的视线；北海西岸兀立的办公大楼隔断了湖光山色，在它的映衬之下，五龙亭成为不伦不类的摆设；南城古老的

天宁寺塔旁，比肩而立的是高达一百七十米的热电厂烟囱；建自辽代有七百年历史的妙应寺山门，被一幢灰白色长方形的百货商店所取代……杨东平在《城市季风》中观察的城市景观是如此，更不要说十年“文化大革命”为北京文物带来的浩劫，古代建筑、各种塑像和石刻石碑被砸被毁，骇人听闻不忍目睹——实际上大多也看不到了。有天大清早醒过来，在旅馆房间拉开窗帘下望，还是七点一刻，十字路口已是人车争路，沸沸扬扬地，从远而近有一种逼人而来的惊人能量，这就叫我更糊涂甚至在这小小的房间里也迷失怅惘，旧与新，昔日、如今、未来，如何拎得起放得下。我城他城，何谓他何谓我？

从观察城市表象再层层深入了解人，开始有了身边的哥儿们，抱膝谈心，不能无酒，“北京人喝酒，豪爽之中也透着狡猾。劝酒时懂得甜言蜜语诱惑，花言巧语刺激，也懂得用豪言壮语自我抒情。最后灌得大家都蒙蒙眬眬地醉成一片，他自己自言自语，一直到醉醺醺倒头一睡大家不言不语为止。”肖复兴写北京人喝酒，是三五天就来一次的确切经历，我对自己的酒量从来拿捏不准，反正喝多少都享受，都好像更清楚（更糊涂？）地认真看身边的人。他们，老北京的有，外地来久居的、刚到的，半醒半醉，说什么，怎么说，特别逗，特有意思。也许明天各自醒来，都忘了大伙儿昨天晚上一起轰轰烈烈地说过什么，也许一辈子都把这些交心的话记得牢牢的。

毫不费力地，花了不到一个小时就把原名《北京故事》的“同志”小说《蓝宇》给看完了。那天两位来自北京的电影男主角赴台参加金马奖，香港那个晚上的那个饭局我没法赴约，因为当天午后我已飞往北京——

“我要你！除非我死了，我们就一直这样，好吗？”捍东。

“这辈子不后悔，下辈子却绝不这样过。”蓝宇。

延伸阅读

姜德明编，《北京乎》（上、下）北京：生活·读书·新知三联书店，1992。

都筑响，*Planet Mao*, Tokyo: Aspect, 2002.

陈光中，《风景——京城名人故居与轶事》（1—5）北京：新世界出版社，2002。

《最新简明北京实用地图册》，北京：中国地图出版社，2002。

赵园，《北京：城与人》，北京：北京大学出版社，2002。

建筑杂志055、056号，《北京2002》，台北：美兆文化，2002。

翁立，《北京的胡同》，北京：燕山出版社，1992。

徐城北，《老北京——帝都遗韵》《老北京——巷陌民风》《老北京——变奏前门》，南京：江苏美术出版社，1989、1990、2000。

崔普权，《老北京的玩乐》，北京：燕山出版社，1999。

北京同志，《蓝宇》，台北：台湾东贩出版社，2001。

非常买卖

如果在巴黎只准我逛一家店，我会选择不去巴黎。

拉倒就算了，我得承认我去巴黎的一千几百个借口当中，除了要去看看蓬皮杜中心最近刚上档的涂鸦祖师杜布菲的回顾大展，除了要去目黑区犹太小吃店吃他们的烧茄子蘸豆酱麻酱（更顺道吃香港大娘现做现炸的越南春卷！），除了要到阿拉伯世界文化中心举头一望再望它那摄影机镜头一般自动开合的回教纹样的铝金属大窗，除了要去那朝圣了十次以上还是感动不已的密特朗国立图书馆，除了要去把精彩图画书、漫画书一叠一叠堆成小山高塞满那么几平方米的 Regard Modern 小书店跟老板 Frank 寒暄一下，除了要在傍晚走一遍摩登花园 Parc Citreon，除了要去 Fnac 站听它三个小时然后捧回一堆非洲音乐 CD 片，除了要去探这个那个因为这样那样理由要长留在巴黎的朋友，还有的是，我要去 Colette。

Colette 是位处 Rue Saint-Honore 213 号的一家店，行内行外人都好像很懂得把它定位作 concept shop（概念店）。其实老板娘 Sarah 对这个称呼很不以为然，甚至一个听来更酷的 select shop 的叫法她也不喜欢，她都觉得太传统零售格局。她自家的说法有点骄傲：Colette 就是 Colette，什么也不是——Colette 是一家服装店，一家家居用品店，一家鞋店首饰店，一家美容化妆品店，一家书店一家画廊，一家咖啡厅餐厅，Colette 不是百货公司，在它大门口落地大玻璃面前有一小块活动塑料看板，上面写着小小的一行：Colette, style design art-food。说得很清楚，就是这样。

9 月 10 日下午大概三点，我在 Colette 的阁楼小画廊里跟纽约涂鸦教父 Futura 碰个正着。他一贯地酷酷的，在一堆看来他不很熟悉的手提电脑面前吩咐助手连接线路。墙上是他的一批新画作，计算机屏幕应该也会出现他的涂鸦，旁边玻璃柜陈列了他在各地捡回来的日常杂物：玩具剪刀工作证戏票汽水罐手电筒安全套，分别以红、黄、蓝色系一组一组地摆放展出。这个位于全店三层最高处的小小画廊，很有象征意味地让艺术创作统领指导店里的一切活动——至少我这个顾客多心这样想。自 1997 年 5 月 Colette 开幕以来，在这个画廊里举办过展览的老将新秀包括有摄影师 Mike Mills、Ran Kin、Martin Parr、Carter Smith 等经常在时装潮流杂志上曝光的，有街头文化代表涂鸦宗师 Futura、Kaws、WKinteract，滑板绘制人 Ryan Mcginness，日本设计团队 Groovisions，插画漫画界有法国的 Jean-Philippe Delhomme、卡通牛仔 Winney、日本的邪气娃娃奈良美智，它也为纽约出版设计团队 Visionaire 办过专题……这些创作人并非传统高档艺术小圈子的宠儿，却与流行文化生活互动互扣。配合展览印制发行的特刊和产品，当然是 Colette 拥趸珍藏的回忆纪念。

居高临下，画廊的右下方是一个书店空间，精选的来自世界各地的时装、设计、音乐、艺术潮流杂志和当下艺坛创作圈热切议论的画集、摄影集、建筑设计作品专著，并排陈列。其中也经常发现独立创作人小本经营的新杂志和限量手工作品集，流连翻阅，分明在别处街头可以买得到的杂志你也总希望在这里买。

01 好友迈克暂居（？）常驻（？）巴黎，性好游荡，有幸跟他在巴黎逛街，深深体会不买也看看的道理

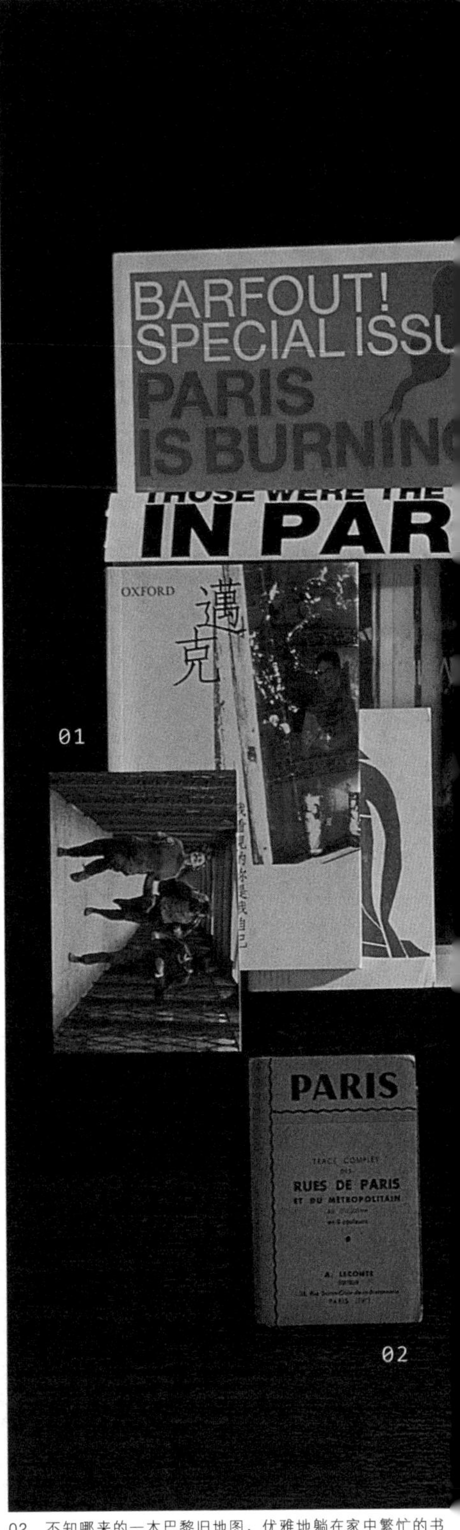

02 不知哪来的一本巴黎旧地图，优雅地躺在家中繁忙的书柜里，莫非——

03　辞世得有点早的巴黎男人声色样板 Serge Gainsbourg

05　还记得步上塞纳河岸国家图书馆原木阶梯的一刹那，面对如四本大书的主楼以及即将进入的“森林”，感动不已有如第一次看到新凯旋门 LaDefense

04　忍不住顺手牵羊经典老牌咖啡店 Cafe de Flore 的餐牌，小朋友千万不要学我

06　我爱 Colette，新一代概念店典范

07　记得错综复杂的巴黎地铁，耳畔马上响起手风琴音

09　曾经把巴黎穿在身上

08　到访 Colette 的私家小贴士：周日去看，关了门的店里一群工作人员正在装潢布置

10　经验里最方便好用的巴黎城市地图，Michelin 版本

11 设计团队 M/M Paris 入主做设计总监后的 *Paris Vogue* 精彩异常

12 不顾体形的挚友极力推荐的 Dalloyau 糕饼店美味小泡芙，四种口味吃不停。地址：101，Faubourg Saint Honore，Paris

正左下方是当季时装大殿，常常看到的是一众穿得潇洒的黑白灰的男女继续在看在试在买衣橱里鞋架上的黑白灰。时装潮流中的显赫大名从 Gucci、Prada、Dior、Céline、YSL Rive Gauche 到 Helmut Lang、Jil Sander、Marc Jacobs、Junya Watanabe、Alaia 到 Hussein Chalayan、Viktor&Rolf、Alexander Mcqueen，不以专柜展出，却是精挑细选上下内外先行配搭，更常常发现暂时还记不住名字的新秀品牌。万头攒动中迫不及待试穿尝新的顾客脱下来暂放一角的衣服其实也很精彩好看，时装大殿的确有它的氛围、有它的法咒，含蓄的简约的华贵的妖娆的都在一眼望尽的这里各领风骚，有卖有买旨在参与，本身就是一场没有季节没有赏味期限的流动的秀。

走到临街地面一层，也就是店内最拥挤也最精彩的地方。靠左有化妆品专柜，引进纽约百年老牌 Kiehl's 多个系列，亦有 NARS 和澳大利亚香氛 Aesop。旁边更有每年更换主题的与顾客互动的小角落：从早期修甲的 Nail Bar、理头发的 Bumble Bar 到巴黎花艺才子 Christian Tortu 的 Flower Bar 到现在寄售首饰的 Precious Bar，各有分量各自精彩。主楼面几列方正的陈列矮柜，满满都是大大小小家用生活设计品：从杯盘碗碟到桌椅灯饰，手电筒烟灰缸文具玩具唱片明信片，货源之广陈设装置之出色，层出不穷的主题有方向有态度，足见主创人的学养和触觉，也绝非一般只有兴趣做买卖的业者有能力制造如此魅力。作为途人的我每回路过，都忍不住走进来凑凑热闹，累了还可以到地下的餐厅和 Water Bar 休息一下，这里提供的八十多种来自全世界的矿泉水，本身就是一个话题焦点。

卢浮宫旁的这条 Rue St. Honoré，从来都歌舞繁华，是达官贵人的游玩地，花上一整天从街头逛到街尾，是血拼的太太小姐的惯常事。Colette 主创人 Sarah 本来是法国流行文化杂志 *Purple* 的编辑，心血来潮与从事时装批发的母亲，也就是Colette女士，看中了这位于长街中段的房子，决意要在巴黎众多的零售店铺及保守的经营手法中闯出一条新路。在没有太刻意太计算的情况下，相信自己的独到选择，相信顾客都要视觉的冲击，都要有创意的消费引导，而生活本来就是连环紧扣的一个综合体，在精兵简政只此一家的屋檐下可以把潮流泡沫红茶上的一层奶油舔走，毕竟是快意美事。

也就是因为巴黎，本来就集中了一批有文化修养对生活质素有超高要求的中产专业者，也经常有好一群进进出出来自世界各地的艺术家设计者创意人，Colette 作为一间店，也不用考虑如何教育群众、如何培养顾客的眼光和口味，只要坚持原则，自然就事半功倍，成了潮流一众的集合交流地，“派对动物”都争相打听 Colette 何时会有大型派对，好玩，也是 Colette 的经营哲学。

庆幸自己长在巴黎、生活在巴黎，而且衷心喜爱街头巷尾蛮有创意的涂鸦漫画的 Sarah，直言要令一间店不被传统框框限制，并非需要一个优质生意人，而是要更多更多有想象力有创意有实践力有实验精神的艺术家——卖有艺术买有艺术，非常消费非常生意，I shop therefore I am，隐约给来者引了路。

延伸阅读

Paris Vogue,
Les Publications Condé Nast S.A..

Paris Atlas,
Paris: Michelin, 1999.

Studio Voice, Vol.310 Oct.2001,
Tokyo: Infas, 2001.

(Ed.)Sheringham, Michael,
Parisian Fields,
London: Rerktion Books, 1996.

迈克，
《我看见的你是我自己》，
香港：牛津大学出版社，
1999。

安琪楼·夸特罗其、汤姆·奈仁，
《法国 1968——终结的开始》，
赵刚译注，
台北：联经出版事业公司，1998。

上海，第一回

我从来都不敢跟人家说我还未到过上海。

即使是相互摸透心事的多年老友，一不小心让他们知道这个事实，脸上露出的那种惊讶（甚至是不屑）以及随之而来的狂呼怪叫，叫我活像犯了本世纪的头等大罪。也许他们印象中的我，游离浪荡，一天到晚往外跑，到过那些这群尊贵的老友们怎样也不会去的奇怪地方，千山万水风尘仆仆的，怎么竟然没有到过上海——

这其实连我也弄不清楚，只知道当年年少气盛，出门的首选目的地当然是伦敦、纽约、巴黎、东京、米兰、阿姆斯特丹……在人家的都市中穿插，在人家的历史中徘徊，匆匆经过总是容易看到人家的美和好，回家的行李满载的都是羡慕妒忌，跟自家周遭环境现实比较起来，摇头叹息也来不及。跟人家比博物馆比歌剧院比图书馆比运动场比都市规划比花草树木，然后是人比人：学问素质、谈吐修养、身材体格、衣式打扮、好奇心幽默感……进进出出这些国际都会，用自己的方法去认识面前这个陌生的城：不靠公车、地铁，徒步慢慢走它半天又半天，举头看高耸入云或古或今的厉害建筑，低头看街头巷尾的海报、涂鸦、垃圾桶、下水道盖子，从最贵吃到最便宜，逛最高档和最破烂的店，泡咖啡馆逛通宵书店，换一身运动服早起晨跑到公众游泳池游泳，吃同样超级分量的早餐翻一叠不怎么看得明白的早报，超级市场里买火腿买乳酪……千方百计企图“活”在这个都市里，努力去让自己的感觉“真实”一点，然后忽然好像很清楚又好像很糊涂，究竟我要在一个地方待上多久才算真正认识这里？究竟我这样兴冲冲地要去了解别的都市为的是什么？究竟我有没有花同样或更多的精神时间去认识土生土长的自己的城？

也许是已经觉察到自己其实对身处的香港也认识了解有限，怕的是一口气念不出香港的方圆面积、人口数目、国民平均生产总值；怕的是无从推介旺角闹市中又传统又创新又便宜又好吃的云吞面，所以潜意识里就更不敢去碰上海，恐怕一旦上海惊艳，大香港意识瞬间颓倒，接而贪新弃旧移情别恋！我的学术圈好友大概会搬出身份危机甚至后殖民理论来分析解构我的处境状态，我倒笑着跟大家解释我是怕传说中入口溶化的上海本帮名菜红烧蹄髈会令我忍不住连啖几盘以致腰围暴涨。

终于还是一觉在上海醒来。

完全是说走就走地，在工作与工作之间的两三天空当中，毫无准备地就出发了。从香港到上海，两个小时的飞机航程，就像到河内到仰光到金边，背包里的高空冷气还未散掉，人已经在新环境里刺激兴奋得哇哇叫。无论你平日是怎样有条理有次序，一个城市要向外人炫耀展示的一切还是高速地四面八方地向你覆盖过来。

首先是车窗外的绿，久居香港的我最汗颜的也就是市区里街道旁贫瘠得厉害留不住养不起奢侈的绿树，政府高官还在吵吵嚷嚷地说什么上海十年内超越不过香港，其实上海早就在城市绿化这一仗上赢得漂亮，更不要说弄堂外马路旁那一排又一排饱经风雨越见茁壮的法国梧桐，至于后来读到上海园林局古树名木保护小组怎样竭尽全力保护市内现存五十九个品种一千三百六十九棵老树，以企业认养古树，计划成立基金会种种方法去留住去开发都市的绿，听来已经叫人感动。

然后是人民币一块五毛、一客四个的生

01 上海的夜，总有那么一点虚幻的躁动与不安

02 老老实实，上海的一天从饱肚的粢饭开始

03　一个惹人闲话的城市，流言蜚语最精彩

05　石库门弄堂民居是上海独特时代建筑产物，如今一跃变种新天地

04　外祖父母当年的流金岁月，如今是泛黄的平面回忆

06　来，怎能不喝碗热腾腾的豆浆？

07　上海摩登，摩登上海，这等书名似乎已经是畅销热卖的保证

09　真的要学上海话吗？真的要用上海话跟上海人吵架吗？

08　难忘馅多汤满的生煎包，一口气来它十个八个

10　上海是中国漫画大本营，20 世纪三四十年代是国际都会级黄金高峰期！

11 日新月异上海走不完，写上海的书更加看不完

12 风花雪月始终是上海的一个卖点

煎包，丰裕老店的招牌小吃皮薄馅足，一吃就停不了，再加上一大碗油豆腐细粉，叫我在上海博物馆的镇馆之宝——唐朝孙位《高逸图》面前一边细看一边打饱嗝，真不好意思。民间小吃也是国宝极品，本该如是。

刻意钻进寻常里弄，转出来忽地又是观光胜地。我们尽情地开放自己让上海全天候全方位地进入。清晨的外滩像体操场，中午的淮海中路一贯的典雅，晚上的南京路从来人声鼎沸，深宵的衡山路别有异国情调。当然还有叫人目瞪口呆的浦东发展区：未来得有点卡通的东方明珠广播电视塔、野心爆棚的金茂大厦、利落壮观的南浦大桥、气派惊人的世纪大道……勾留上海的几个日日夜夜，住的是20世纪二三十年代小洋房复修后的古典雅致私人小旅馆，不必多加想象已经置身那个繁华瑰丽（自甘褪一点点颜色）的老好日子，吃的是地道的又便宜又好的家常菜，嗜面如命的我忘不了肇嘉浜路吴兴路口夏面馆的虾爆鳝背面、醇香排肉面和罗汉净素面，金光灿灿的玉米炸饼更是顶级面后甜品。

还有还有，邵万生南货店寄售的周庄芝麻糕、海苔糕、绿豆糕，棉花俱乐部的意想不到的绝佳爵士乐，旧汇丰银行拱形圆顶的价值连城的马赛克壁画，即将大热的石库门弄堂改建的“新天地”……那天我们探朋友，在金茂凯悦酒店的八十五楼，透过午后浓浓的白雾外望，眼前的上海虚虚实实若隐若现。在我城他城比拼得白热化的今时今日，我们这些游荡型的个体户该是抱一个怎样的心情和态度去观察分析上海、台北、香港？该要怎样重新了解认识自己？在种种机会和可能性面前如何定位如何安排？登高，就是希望望得远。

匆匆来去，来不及到母亲儿时居住的顺昌路一带走走，她口中的昔日传奇经历在流逝岁月中日益封尘，换了日月天地，更叫我兴奋的是身边同一时空的新鲜有趣的人：来自台北的摩拳擦掌准备大展身手的建筑师好友莫，来自广州独领风骚的《城市画报》女总编李，来自备受各方重视的广州《二十一世纪经济报道》的市场总监陈，还有驻守上海的出刊成绩骄人的《上海壹周》编辑徐，*Elle* 中国版的一群漂亮女当家……都是身手矫健的行中尖子，都是有都市触觉有打造新局面理想抱负的一群，我们坐在季风书店咖啡角落一隅，兴高采烈天南地北，我们的周遭现实和我们的计划我们的梦。这里是上海，也不只是上海。

飞往香港的东方航空 MU535 班机，机上有我和身旁瞒天过海的超重行李，看不够吃不够听不够的都带走：熊月之主编的《老上海名人名事名物大观》、树的《上海的最后旧梦》、Ernest O.Hanser 的《出卖上海滩》、朱华的《上海一百年》、康燕的《解读上海》，还有如获至宝的一众旧上海漫画家的重刊单行本、阮恒辉编著的附赠一盒卡带的速成易学实用《自学上海话》、一大堆新出的报纸杂志、一条在虹桥区山西老家具仓库有缘碰上的矮板凳……我当然知道认识上海没有速成，要仔细阅读上海，不能不读上海文坛前辈施蛰存、刘呐鸥、穆时英、邵洵美和叶灵凤，祖师奶奶张爱玲更是首选，还有当代的王安忆、陈丹燕……上海上海，大书一本，翻开了封面就会疯了地一直读下去。

回港后我迫不及待跟我一众身边挚友汇报我的上海行，他们依旧一脸惊讶地揶揄我竟然才是第一回到上海，实在不可思议。对，我回答得很安心，有了第一回，马上会有第二回第三回，往后的机会多着多着。

延伸阅读

李欧梵，《上海摩登》，香港：牛津大学出版社，2000。

郭建英绘，陈子善编，《摩登上海》，桂林：广西师范大学出版社，2001。

海野弘，《上海摩登》，东京：冬树社，1985。

梁白波画，魏兆昌编，《蜜蜂小姐》，济南：山东画报出版社，1998。

杨嘉佑，《上海老房子的故事》，上海：上海人民出版社，1999。

从有到无

那个半夜的那一通电话，现在回想起来还是那么恐慌。

说起来真的会被你笑骂大惊小怪，没办法，我身边团团围住的就是这么一堆敏感的情绪不稳的男女——如某君在柏林买到一张温柔得不得了的20世纪30年代土耳其男歌手Ibrahim Ozgur唱的探戈唱片，电话的那一端就马上越洋传来三分二十五秒的美妙曲子更加上赞美的感激的通话二十分钟；如某女生会在早晨中午或者傍晚打通我的手机问我今天吃了什么早餐会准备什么午餐和晚上打算吃什么晚餐，这也是借口而已，最重要的是向我“汇报”她的三成熟牛排配自家烤的芥末籽面包早餐，一个人蒸一尾超重石斑做午饭和自家厨房为什么花了两年还未装修得合心意……

那个晚上也就在睡梦中被吵醒了，一个听得出有点抖颤的女声劈头就说：“明天，明天得赶快去入货，无印，无印良品要关门了。”这真的是晴天霹雳，难怪如此气急败坏，我刚把我的日常笔记格式完全统一用无印良品的系列，理所当然地打算用它一生一世，如果没有了这些本子，我该怎样活下去？接着来的三数个小时，这个消息肯定被渲染夸张地以讹传讹地传遍一众友好，那晚说不定是多少个人凄风惨雨的不眠之夜。

有这么厉害吗？有，这是无印良品的厉害。时为1998年12月，二进二出香港零售市场的属于日本株式会社西友的家居生活品牌无印良品，突然宣布要“暂时”结束亚洲地区的零售经营，同时在三个星期内关闭新加坡和中国香港的大小店铺，理由是集团决定重整资金，主攻欧洲市场——这是人家的经营策略其实就由人家随便解释吧，作为卑微的消费群众的我们却突然有被遗弃的感觉，旧爱说要走就走，留下的是结业前疯狂清货的灾难性拥挤场面。

这样的不堪我当然不会成为贪便宜的一分子，告诉自己要有尊严地宁可找个借口飞到日本入货，即使兜一个圈在伦敦在巴黎也买得正经光彩。之后有小商贩自行进口水货在香港小本经营，我等不屑此行为者约定誓不进去以免触景伤情。

无印良品的厉害，在于它几乎成为一种宗教且有无数虔诚信众如当中的一个我。当然说穿了这也是一个商业包装：无印良品标榜以无名无姓的简单产品与名牌设计师的所谓签名做产品抗衡，它本身也因此成了新一代的名牌。早于 1980 年，株式会社西友的总裁堤清二就有此洞悉，与身边好友如平面设计师田中一光、小池一子，建筑师杉本贵志，时装设计师天野胜谈起当前零售业市场上一味追逐名牌包装极尽奢华的不健康现象，有志于生产一系列简化包装，小心选择制作原料，且令生产流程尽量自然畅顺，不为统一规格而做无谓筛选的家居日常生活产品。这个概念先行的包装本来打算只在西友、西武百货店及 Family Mart 内作为内部营运的私家品牌，怎知小试牛刀，九种家居用品及三十一种食物都大受欢迎，成功地打响

01 无印新宠，有兔有熊好像还有猴，摇起来还会响

02 酷得厉害有如装置艺术的一个挂墙镭射唱片

03　无印设计大奖，各路英雄纷纷绞尽脑汁献计

05　如果没有你，日常生活思绪不知如何记录

04　用得有些日子了的无印货色，斑驳味道更好

06　一年四季的无印目录自当也在搜罗收藏之列

07　千禧年无印献礼，回顾20世纪的生活设计良品，非一般的目录

09　无印店堂，总是一目了然货区分明，贯彻其生活理念

08　为大家解决储物的头痛，无印最多小道具

10　牛皮纸购物袋的选用，本身就是一个宣言

11　2002年秋冬新产储物架，大热大卖

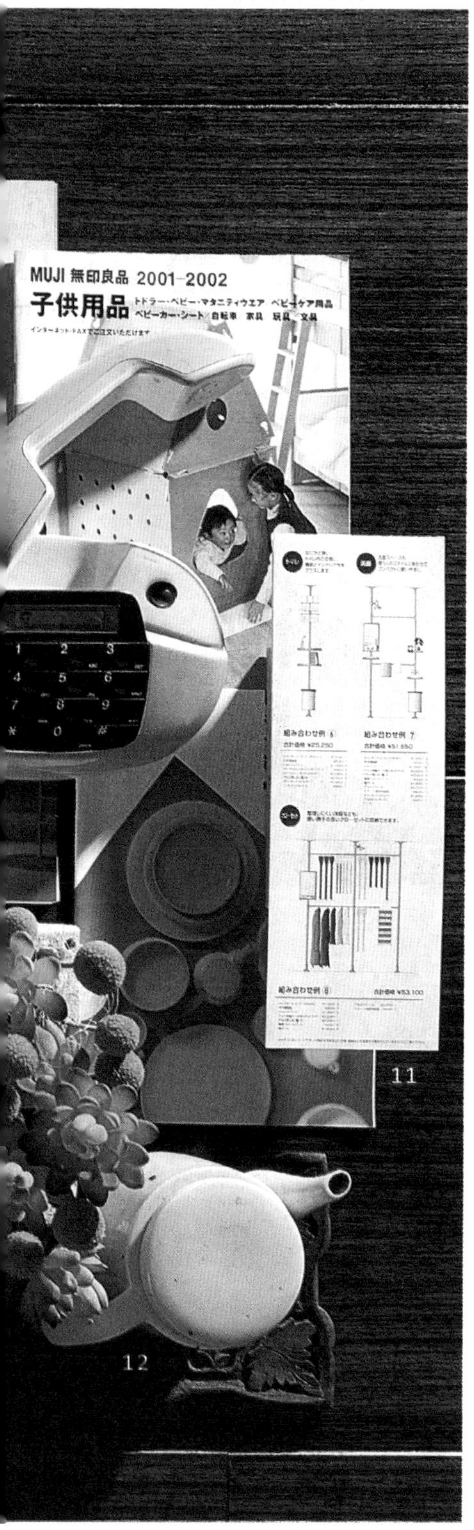

12　no-name也是名牌，无印良品最懂

第一炮。此后八年间，除了货种开发至一千三百多种之外，更积极地提倡和引进以天然素材为主的生产物料，在世界各地设立当地的生产线，更于1989年正式成立良品计划株式会社，在日本全国不断有无印专门店出现，海外先行部队也首次登陆香港，成功的简约风格领先潮流——大抵当时潮流圈中还没有人把“简约”两个字挂在嘴边。

值得一提的是，历年来挂在无印良品店堂里的宣传广告，都是绝对值得收藏的精彩作品，它们简单直接地传达了无印概念：1981年的漫画爬行婴儿代表了没有包装的率真可爱，“爱是不需要修饰的”；接着最为人津津乐道的是不要浪费头和尾的三文鱼概念，这与无印一向奉行的节约物料的做法相互呼应；还有一张叫我印象深刻的，是一叠像纸张一样的棕黑色板块的硬照，原来是发了酵的压榨过的豉油干块，照片中的主角是“废物”，但也就是由它久经时间浸淫才能得出好味道，这种返归产品背后的真相，直接阐明无印良品的生产哲学，这也是在一群坚守共同信念的广告创作高手的努力下，成功有效地向消费群众传达了简单明确的信息。

以日本人一向产品行销动作的聪明和细致，无印良品在国内国外的推广也是多层面的，除了在宽大明亮的店面内最直接

地陈列销售其风格统一的各类生活杂货，更强烈叫人感觉到这个环境里面的干净利落的颜色形状和质材都在销售一种生活态度，而这种生活态度需要大家的参与——去年在伦敦 Tottingham Court Road 上的两层旗舰店里，我就看过一个良品大赏的作品展。这个不定期的产品设计比赛吸引了欧洲产品设计的新秀精英，以无印的生活背景为设计方向，用简单材料，低成本开发出又便宜又好的新产品。去年冠军作品并即将投入生产的是，一把从旁折开的雨伞，裙边用的是软物料，不易伤人，侧在一边的伞柄可令携带者有更多避雨的空间。此外还有各式可以折叠伸缩的桌椅、灯具、餐具、拖鞋，不用左缠右转打结的领带，女生方便实用的指甲涂笔，连塑料刀插的厨房砧板……都是日常生活的必需品，都不是高档神圣的消费品。无印精神作为另一种日本文化风尚，很受欧洲的新一代消费群落欢迎。

转了一个圈，在名古屋无印良品新开的三层三万平方英尺旗舰店内，喜见婴儿系列的产品登场。从二十年前无印刚成立至今，一群被“培养”出来的无印孩子也到了生儿育女的人生阶段，应有尽有的产品中最叫我兴奋的是一系列用瓦通纸皮拼合变化的大型积木结构，还有天然的未经漂染的纯棉做的会叫的布熊布兔。在这个纯正天然的无印世界里，大抵每个人都愿意是无污染的小 Baby。

从无到有，从有到无，这是我们这一代在消费爆炸名牌泛滥当中出生入死挣扎升华的集体私家体会。劫后幸存者有幸定一定神，才知道其实真正的简单干净是何等美好，这也是我们被无印良品一击即中、永远忠诚的主要原因。在无印良品重新登陆香港之际，忽然想起的是过去那些平凡细碎的追求良品享受无印的寻常日子。

延伸阅读

Redhead, David, *Products of Our Time*, Basel: Birkhauser, 2000.

川上嘉瑞编，《20 世纪之良品》，东京：株式会社良品计划。

www.muji.net

出卖越南？

摄氏三十八度高温，我流着汗，在半露天的阳台上躺椅中，迷迷糊糊地睡着了。

这是一个典型的炎夏的越南午后，人声车声依然以高八度的音调在叫闹，而且没有因为我的睡意渐浓而模糊淡化，反是更强猛的深刻入听觉，仿佛要我把这些我本就听不懂的言语笑骂和货车摩托车三轮车自行车的铃声给牢牢记住。我也不明白自己为什么不在一窗之隔的冷气间里乘凉，却有如此的“冲动”推开一扇回纹如意透雕木门，半卧半躺在阳台上鸟笼下的椅中，咕噜噜喝下的一杯香茅冰茶大抵全都变作汗，汩汩地流出来了。然后竟然就像我在街上看到的男女老少一样，随时随地，在树下在马路边在货车底，就此躺下睡去。是否这就代表我真的就可以融入（溶入？）这里的环境和天气，过一点“像”越南的日常？

实在太热，不可能有太完整太舒服的梦，我一身湿淋淋地醒过来，还是回到冷气间里，向笑容可掬英语流利身穿贴身剪裁的传统长衫奥黛 (Aodai) 的服务员再要了一杯冰茶，这时空气中飘荡着的是蔡琴翻唱的经典老歌《神秘女郎》。

这里是我的法国好友 Luc 在胡志明市经营的一家会所，取名“Temple Club”。坐落于闹市中心旁的 Ton That Thiep 横街上。开业大半年，已经成为高档游客必到重点——因为这里从地面进门有窄窄三十英尺烛光长廊，幽暗尽头有金佛端坐，更有木楼梯引路更上层楼，推开仿古的典雅木雕大门进入会所室内，眼前都是过去大户人家的豪华居室格局。有完完全全的明朝家具摆设式样，有法国 Art Deco 风潮影响下的西式厚重皮沙发，有一墙穿着官服的列祖列宗的彩绘和金漆牌匾对联，意大利文艺复兴式样天花围边线下的墙身有土黄有赭红有孔雀绿，香烟仕女月份牌下有将开未开的美得不真实的一大把荷花。本来是印度教宇庙产业的破烂老房子摇摇欲塌，机缘巧合 Luc 一次走进这里忽然眼前一亮，Temple Club 的基本概念在半小时里成形。

其实我这个法国好友本身也是个小小传奇（每一个在异地居住十五年或以上的异乡人都是传奇主角？），他是家中唯一一个肯听外祖父在老家阁楼一次又一次重复二三十年代在中国做驻守海军将领的故事，一叠旧照片一只蓝花碗都叫 Luc 好奇神往。遥远的东方国度究竟有什么在等待他？他说不清楚。他轻松地说起 19 岁时候在巴黎跟一个日本政要的千金认真地订婚，然后才开始就受不了对方的依顺和体贴，他狠心地一走了之，女生现在在美国做了尼姑。他从这段短暂的异国情缘逃了出来，怎知却开始了往后东进的不归路。他念的是法律，先后在华盛顿在罗马都工作过，辗转到了越南，就知道再也离不开，一留就是整整十年。

从律师专业逃了出来，Luc 和友人搭档开始了古董陈设和仿古家具的设计生产，以 Nguyen Freres（“阮氏兄弟”）为店名，在胡志明市在巴黎都有办公室有门市。我忘了正式求证他为什么会用上阮氏大姓，当然故国阮朝他不可能不知胡志明本来也姓阮，

01 怀疑自己究竟是喜欢吃越南的河粉还是喜欢吃生的薄荷叶和九层塔，往碗里添完又加的都是一堆叶子

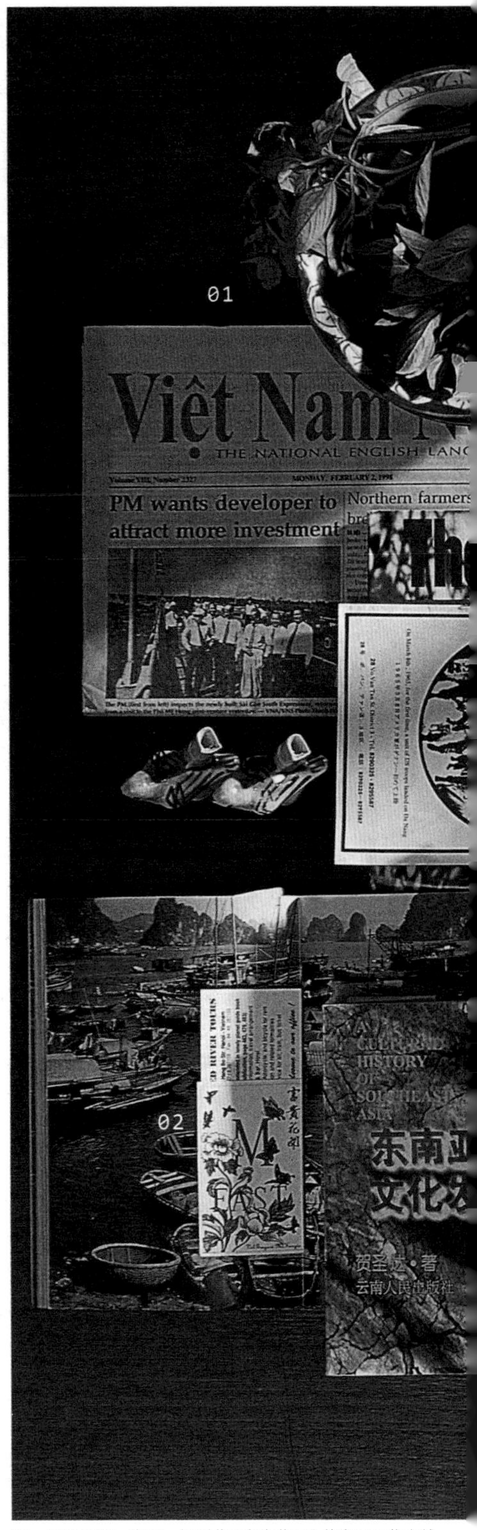

02 河内逛街，发现一间叫作“富贵花开”的家居工艺小铺，刺绣精彩得厉害

03 印刷得有点粗糙的纸面具，吓坏小朋友

05 资深战地记者 Tim Page 视越南为第二个家，他的镜头下记录了 20 世纪的战争与和平

04 越南传统女服模特分明都是瘦身纤体代言人

06 战火后仅存的少数古老建筑，值得一看

07　古芝地道是当年越共反攻突围美军的战地要塞，钻进去走一小段却叫我差点缺氧窒息

09　所有越南电影必定有一幕荷花池月下泛舟，赶快也来凑凑兴！

08　法国境外能够吃到的最好的法式长面包，看来就在越南

10　经济起飞，先来玩一局环游世界的跳棋游戏

11　地大物博，卧虎藏龙，小小手工艺金属精品，分明是微型雕塑

12　酷爱薄荷叶九层塔，怎能冷落了香茅（Lemongrass）？

本名阮必成，别名阮爱国。

阮氏兄弟的生意范围越做越大（大得其中一位越南搭档强占去了某部分店面和货！），很多欧洲的日本的顾客都看上 Luc 与搭档刻意营造的不一样的越南古典氛围。当 Luc 给我看日本版 *Figaro* 的一辑越南游踪 Temple Club 专访，专访特意邀来英国设计坛教父 Terence Conran 闲躺于酒吧间的紫红沙发中，一脸悠然羡赏神色，我就知道，Luc 是成功了。

我实在很不愿意引经据典地搬出一堆殖民新殖民后殖民主义理论来分析我的好友 Luc 以及他这些年在越南一步一步走过来的经历。书上说的殖民者与被殖民者之间存在的一种矛盾的共生的相互依赖的关系，其实是否 Luc 依恋留驻这里的宿命原因？在一身臭汗干得差不多，一口冰茶饮下，在市声和人声也逐渐朦胧消散，在太舒服的沙发里坐得好好之际，我们还有多愿意再考究百粤与百越是否只是叫法的不一样？秦朝征服百越后设立象郡的那一段算不算是殖民前史？然后是千百年来与中国历代皇朝的纷争纠缠，及至 1884 年法越战争结束、第二次《顺化条约》签订后全面陷入殖民统治，还有那叫全球震撼关注的影响深远的“越战”，新时期新经济下种种商机危机，于我们这群偶尔在人家门前路过的游人实在有何相干？我们只知道，一切过去点滴其实如今都有价，都

被人用各种不同方法包装来出卖。远的怀一点旧多一份典雅浪漫，近的多一回敏感争议添一点刺激。

在越南的几个日日夜夜，在Luc的安排介绍下，我们到过近年新冒起的各类型设计工作室；有年近半百涂着血色口红的法国女子指挥着一群本地员工，设计制作一批又一批直销欧美的摩登漆器木器，以廉价却又精细的手工在国际家用饰品市场上竞争。也有越南土生土长的政府高干子女，以国营服饰机关之名，一方面建立自己的高档品牌，把少数民族的织锦刺绣和传统长衫式样成功地应用到时尚剪裁当中，专攻国外市场，另一方面同时推出面向本地年轻人的休闲服，不失民族特色。我们被几乎迷路的出租车司机带到近郊的一家玻璃厂，在高矮厚薄参差的玻璃样品堆中惊喜不已地发现翻版仿制的一流极品。我们在路上溜达兜转，总会走进那些成行成市的工艺品店、服饰店，店主以同样的货色、同样的热情殷勤招徕游客。这是他们理直气壮的营生，谁在钻空投机取巧？谁在发扬传统文化？在这个酷热炎夏的大太阳底下，谁有资格为谁扣一顶什么后殖民主义的帽子？

离开胡志明市的那一个早上，Luc赶个早来送行，和我们在酒店的餐厅喝杯茶。由于不是房客，他喝的那杯茶和吃的那个新月可颂被侍应决定要收一个完整的早餐价格。Luc一看账单，火了，马上用他有颇重法国腔的英语跟柜台小姐理论，更扬言要直接见值班经理。对方公事公办慢条斯理的，Luc急了，开始用他自认为还是讲得不够好的越南话开展了一段我们听不懂的对话，一众侍应从刚才的强硬马上转化为通融带笑，我站在一旁看，似乎又看懂了一些什么。

延伸阅读

Storey Robert, Robinson Daniel, *Vietnam*, Australia: Lonely Planet, 1997.

贺圣达，《东南亚文化发展史》，昆明：云南人民出版社，1996。

凯伦·穆勒，《顺风车游越南》，邓秋蓉译，台北：马可孛罗，2001。

Page, Tim, *Mid-term Report*, London: Thames & Hudson, 1995.

杜拉斯，《来自中国北方的情人》，周国强译，沈阳：春风文艺出版社，2000。

克里斯蒂安娜·布洛-拉巴雷尔，《杜拉斯传》，徐和瑾译，桂林：漓江出版社，1999。

睡，在路上

醒过来，清晨三点二十八分。

我躺在一张六英尺宽、八英尺长的标准双人床上，白的棉布床单白的枕套，白被单套着薄毯，微微泛着一种带森林气息的皂液的香味。床的靠背以至床底的框架，裹贴的丝绒布已经（故意？）褪色，纹样是带一点东方18世纪情调的花鸟，床的两侧是两个式样不一样的矮几，说不清年份，反正是在家具跳蚤市场会碰上会喜欢的那种。床头台灯小小的，圆锥形灯罩，黑铁皮外壳，50年代流行。床前左方有一铜质小圆桌，六根铜管做成三只脚，铜管与铜管之间嵌进金属球，很明显的维也纳时代初 seccesion 式样。桌上放了一只没有遥控的塑料外壳飞利浦小电视。床的右方再过去是一桌两椅，八角形桌面，螺旋柱状四脚支撑，典型的德国民间传统木工；至于两张椅，高靠背，染了深棕色的牛皮用铜钉拉得紧紧的，裹住椅背椅垫。木椅的框架还有粗略的雕花，配搭起来也干净利落。

然后抬头，一盏应该有上百年历史的重型铜铸吊灯浮在半空。主灯头座伸出五臂，不知是花托还是野兽的脚，六个该亮的灯泡坏了三个，依然很亮，叫一色刷白的四壁、天花、十二英尺窗纱窗框以至暖炉雕花围板，都显得更雪白，跟没有刻意上油打磨的有点衰老的淡棕色木地板，不经意地故意在一起。

这是抵达柏林的第一个凌晨，在公事与公事之间偷出几天，就为了走走这个十一年前停留过一天的都市。窗外的柏林看来熟睡了，室内的我却全无睡意，难得躺在床上，也只能躺在床上。

瞪眼望着白墙上唯一的小小一幅黑白照片，光着屁股反锁铁手扣的肌肉男背向着我，这是罗马某个“同志”sex club 的宣传海报，也是我身处的这家应该很著名的叫作 Tom 的“同志”小旅馆房间走廊墙上众多色情张贴之一，当然主题还是“同志”插画老将 Tom of Finland 的超猛震撼肉欲图像，十英尺宽、十五英尺长放大了的图就贴在咖啡间的主墙上。

说来好笑，本来通过网上订房，我应该入住的是楼下另一间同样便宜的 pension 旅馆，当我把重得离谱的行李勉强搬上二楼时，旅馆女主人一头蓬松来应门，用我完全不懂的德文大概跟我解释了弄错了、没有房、让我替你安排、不用担心、请跟我来诸如此类，然后就交给我一串门匙带我多走一层到了这家同样是她经营的“主题”客栈。

人在路上，累了，要找一个睡觉的地方。曾几何时学生年代在北美游荡，可以刁钻地计算好一个星期有五天都睡在灰狗长途巴士上，为的是省下投宿的钱，多看一个博物馆多买一两本书。后来开始工作开始有收入，路上宁愿吃得好一点以治疗嘴馋，对旅馆的要求也只是干净的床铺，还要有窗。住得太贱，我从来不知道正价旅馆在收一个怎样的价钱，对历史悠久高贵豪华的老牌旅店完全没有感觉。

01　不可能带一铺床上路，但带一个枕头，又或者只是一个枕头套也不太过分吧！

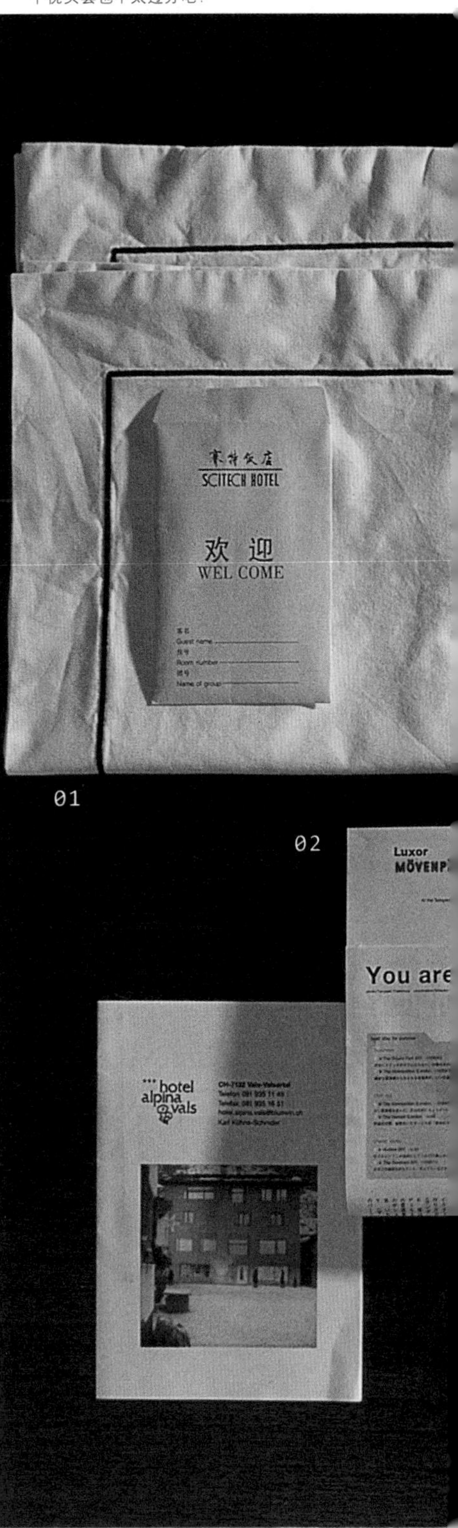

02　你还写信吗？请替我搜集各地旅馆的信纸！

03　日本流行杂志 *Brutus* 过一年半载便来一趟全球 Design Hotel 巡礼，新一代浪游人必读

05　当低调简约成为收费高昂的借口，你可真要仔细想一想其中意义

04　入住设计师酒店当然就要留意细节，包括洗发乳的瓶子设计

06　生平嗜好之一：收集各地大小旅馆提供的轻便拖鞋

07　潮流触觉厉害的 Herbert Ypma，一系列设计酒店巡礼特辑全球热卖

09　瑞士山区小镇 Vals 温泉小旅馆，建筑大师 Peter Zumthor 的石室浴池叫人惊艳

08　W 系商务酒店是 Jet-Setter 的至爱首选

10　总希望有机会在纽约住住传奇的 the Chelsea Hotel。当年的住客名单包括 Janis Joplin、Bob Dylan、Andy Warhol、Leonard Cohen、William Burroughs……

11　不知怎的，总是要带自家牙膏牙刷上路

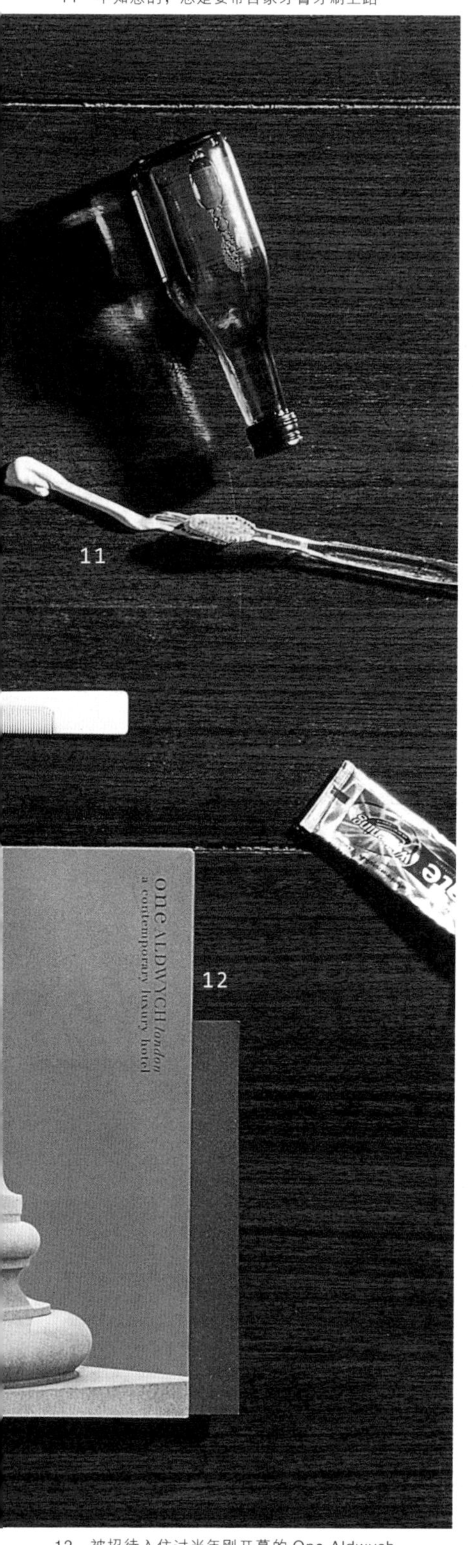

12　被招待入住过当年刚开幕的 One Aldwych London，高贵地躺在软软的床上十八小时

直至有了所谓的Design Hotel，怪罪的也就是始作俑者法国设计胖子Philippe Starck和背后老板——娱乐餐饮旅馆业"怪杰"Ian Schrager——其实早在1985年Ian Schrager已经请来法国设计"大姐大"Andrée Putman在纽约弄了精致的小旅店Morgans。但也是伙同Starck之后，人气运气，合作的Paramount于1990年开业，里里外外，从大堂桌椅到房间床柜到浴室牙刷，全都是由如日中天的Starck一手设计，走进Paramount住下来，就像活在Starck的产品陈列室一样。适逢20世纪90年代大家口边挂的都是"设计、设计、设计"两个字，本来路上勾留作息的旅店，大堂永远亮起聚光灯："Lobby Socializing"，看与被看，不亦乐乎?

从自家掏腰包到了用公费甚至有赞助邀请，我也是这样开始混进了 Design Hotel 的大门：纽约的 W 系旅馆，伦敦的 One Aldwych、The Hempel，瑞士疏森的 The Hotel，曼谷的 The Sukhothai，东京的 Park Hyatt，上海的金茂，台北的国联、台北商旅……不管价钱地住进去，在公关经理的引领下从总统套房参观到厨房，半夜摸黑回来大堂经理清楚叫得出你的名字，然后进房瘫倒床上，在众多经典设计的包围下沉沉睡去。我幸运，躺在哪个地方哪张床上，都很会睡。

当你在这些 Design Hotel 的房间里睁眼醒来，的确是会劳神鉴证一下面前的床褥桌椅、浴室水龙头手把以至各种装修细节，是否跟你已经在二十本争相报道的生活潮流杂志上看到的专题访问图文对照吻合，然后你开始又安心又懊恼的是为什么离家千里，还是会回到毫不陌生的“设计”环境当中？如果你的行李箱还有空位，大可以把面前喜欢的毛巾浴帘酒杯托盆以至闹钟搬回家，提醒你，比较正式的合法的是要到楼下柜台跟小姐认购——把旅馆带回家，是一个前卫的生活的艺术概念抑或一桩现买现卖？

无意否认这些设计旅馆的装潢意念和手工质素，上帝就在细节当中，前辈大师如是说，也肯定你会在这些旅馆房间里碰上一大群上帝。但我还是犯贱，还是宁愿在路上住进那些没什么设计师照顾的没星星的小旅馆，带不走（或不愿带走）的破旧家具、关不牢的窗、会吱嘎作响的木地板……在这些房间这张陌生的床上睡去，明早起来离开，至少我知道，可以带走的是有感觉的回忆。

至于误闯一家“同志”旅馆，明早睡醒过来会否就变成“同志”？就跟住进设计旅店，明早起来会否对身边的设计更加了解认识一样，无聊的问题，得找一个更无聊的答案。

延伸阅读

Ypma, Herbert,
Hip Hotel-City,
London: Thames & Hudson, 2000.

Albrecht, Donald,
New Hotel for Global Nomads,
New York: Cooper-Hewitt Museum, 2002.

(Ed.)Philippi, Simone,
Starck,
Koln: Taschen, 1996.

Eco, Umberto,
How to travel with asalmon,
London: Minerva, 1994.

伊塔罗·卡尔维诺，
《如果在冬夜，一个旅人》，
吴潜诚校译，
台北：时报出版，1993。

Leed, Eric.J.,
The Mind of the Traveler,
New York: Basic Books, 1991.

www.WiredHotelier.com

情迷白T恤

有一天夜里，我们谈到死。

“死的方法有很多种，不对，也许不是方法，”他说，“各种各样奇形怪状的病，暴烈的仓促的意外，都不由我们选择——唯一可以事先安排选择的，只是葬礼的仪式：放一点什么轻松的音乐，约好谁来随便聊聊死者生前的糊涂，找一个干净利落不那么俗气的地方……”

“谁来替我设计一个比较简单没有厚厚光漆没有雕花图案的棺木？”她问。

“拜托拜托！”我跟大家说，“请给先走了的我穿上一件白T恤，夏天穿短袖，冬天怕冷，长袖的我衣橱里有很多。”

白T恤，不离不弃，从一而终。

1964年的一个夏夜，东京市内某个室内高尔夫球练习场，上百个下了班的白领脱掉他们的白恤衫（短袖！）穿的是清一色的白短袖T恤或者背心，姿势或正确或错误地挥舞手中的球杆。

1951年的《欲望号街车》电影版，年轻力壮的马龙·白兰度一身肌肉，白T恤裹身，胸口明显有汗，一如压抑不住的南方的潮湿的夜。

同样经典的剧照，《阿飞正传》里的詹姆士·迪恩，脱下黑色皮夹克，还是穿一件圆领白T恤。

1979年古巴首领卡斯特罗在联合国会议期间在某个

休息室，一口衔着雪茄一手提着印着鲜红大字“I Love N.Y.”的白 T 恤。

1963 年行刺美国总统肯尼迪的凶徒 L. H. Oswald 在被捕后提讯前一直都穿着白 T 恤。

超级名模 Linda Evangelista 一身累赘的价格不菲的 Chanel 银首饰，衬底的还是贴身的 Chanel 天价白 T 恤；Kate Moss 瘦小的身躯脱掉了 CK 的迷你白 T 恤更见娇柔。

运动场中不知名的年轻选手追赶跑跳，露天音乐会疯狂乐迷浑身湿透，对面马路走过来的一对少年男女长得并不格外漂亮但却令人十分舒服，都是因为穿了白 T 恤。

白 T 恤，毫不神秘，却就是这么神奇。

源自 1913 年美国海军的一个决定，把一批圆领短袖、白棉布剪裁合身的内衣发给舰上的水手，目的是统一地整洁地“盖掩”一下这群大兄胸口丛生的胸毛——这个言之凿凿的解释其实有点匪夷所思，但这传说中的白 T 恤的原型很快就被各路海、陆、空军接纳并大受欢迎。第一次世界大战的湿冷的战壕中，纯棉的或者混有羊毛的白 T 恤，短袖或者长袖，是最贴身的一种来自故乡的温暖。

在把面前这一件简单舒服的干净白 T 恤不假思索地穿在身上的时候，不会想到这件

01

02 《欲望号街车》的经典剧照，马龙・白兰度的“汗”衫其实是花灰颜色

04 超人制服如果换了贴身白 T 恤，会否更酷更性感?

03 薄薄一层白棉纱下面是对身体的好奇和欲望

05 值得大书特书，白 T 恤迷倒一代又一代潮流中人

06　长袖白 T 恤的穿法，千变万化都好看
07　YMCA，可口可乐，白 T 恤……

09　穿或者不穿，其实是你自己的选择

08　自家衣柜中白 T 恤藏品看来超过三四十件是佐丹奴出品

10　“同志”出柜，T 恤是示威的战衣

11　今年首选，有轻微弹性的贴身白 T 恤，Baleno 险胜 Giordano

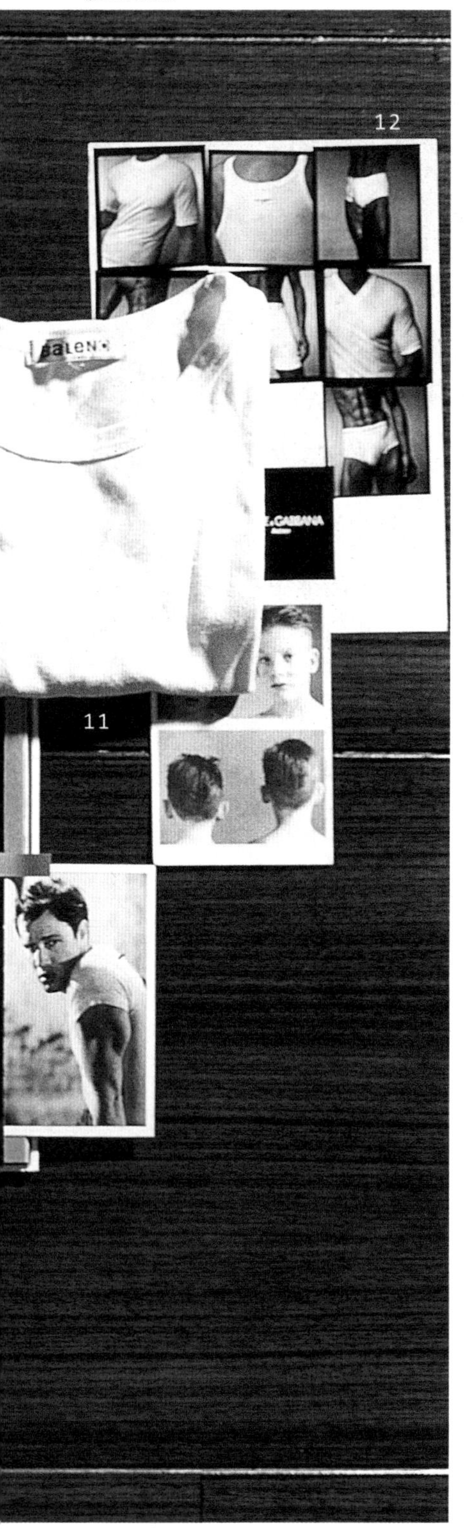

12　Dolce & Gabbana 的高贵版本，纯白纯棉，路经远远望一望

"战衣"竟然在出现之后的整整一百年来，越战越骁勇吧。

即使大部分人都只把它当作一件内衣，但有心之士却不断为它赋予新的意义，缔造越界神话。

肉体崇拜者当然一马当先地把白 T 恤视作"第二皮肤"，女体男体玲珑浮凸筋肉暴胀完全在白 T 恤之下合法地一览无余，比脱光了更加有张力更加挑逗，清洁的性感有更大的想象空间，所以一众聪明的摄影师和形象指导一定为他们的星级客户深思熟虑（其实也简单不过）地制作一张又一张的必杀经典照——摄影界"大姐大"Annie Leibovitz 就先后为尊特拉华达（John Travolfa）拍过 V 领白 T 恤牛仔裤牛仔帽的城市牛郎造型；为奥运美国游泳选手 Anita Nall 拍过穿着宽松白 T 恤半浮半沉在水中的"泳装"照；为美国摇滚大哥 Bruce Springsteen 拍过在放大几百倍的美国国旗前抱持吉他腾飞爱国得不得了的宣传照，穿的自然也是白 T 恤牛仔裤。最热衷拍男体裸照的美国摄影师 Herb Ritts 在替影后 Julia Roberts 拍宣传照的时候，给她一套男装纯棉白 T 恤、三角内裤，还把她扔进水里浑身湿透，老友 Kim Basinger 获得稍好的对待，得到超大尺码松身白 T 恤当裙子穿，还可以配一大串珠链。一众肌肉猛男如史泰龙、阿诺·施瓦辛格、安东尼奥·班德拉斯等更心甘情愿地穿过无数贴身的、湿透的、撕破的白 T 恤白背心，偶像崇拜 / 性 / 白 T 恤，早已“三位一体”。

不过必须强调的，也就是白 T 恤所以神奇之所在：它来自军队，然后深入民间。本就没有什么高档低档之分，很容易很成功地超越男女界别、阶级鸿沟，人人都可拥有，人人都穿得舒服，甚至人人都因此而再一次认识自己的身体，再来决定要不要为了把白 T 恤穿得好看一点而努力改变一下自己的体态，又或者用各款各式的白 T 恤变奏来配合自己的身体：大圆领、小圆领、V 领、贴身、宽身、超短露肚脐、超大码滑板 Hip Hop 类、长袖、中袖、无袖……

如果有心再多走一步，也不妨追溯一下白 T 恤及其弟兄姐妹何时从西方传入中土，如何成为我们理所当然的日常衣物，也许我们就会更留意鲁迅、老舍，甚至梅兰芳也说不定有他们的 T 恤 / 汗衫照，我们的偶像，也跟我们有同样的需要。

自白 T 恤始，无数五颜六色版本，众多图案的文字的变化，T 恤明显是成衣制造业者、平面设计师、流行文化研究学者、广告商、影视娱乐媒体中人以及把 T 恤穿在身上的我们的一个跨界别的生意、生活焦点，种种变奏足以写几万字论文。而事实上，我的堆叠得已经完全没有一丝空隙的其实不小的衣柜中，有的是多年来买买买还未拆封的数十件白 T 恤，更未把正在“服役”的二十多件计算在内。酷爱白 T 恤而且经常以白 T 恤出场见人的时装大师 Girogio Armani 说过，他每天起床第一件穿上的是一件白 T 恤，每天夜里最后一件脱下的也是白 T 恤。不错，看看何时送他一件 1985 年版的佐丹奴。

延伸阅读

Harris, Alice,
The White T,
New York: Harper Couns, 1996.

(Ed.)Malossi, Giannino,
Material Man:
Masculinity, Sexuality, Style,
NewYork: Abrams, 2000.

Brittan, Arthus,
Masculinityand Power,
Oxford: Basil Blackwell Ltd., 1989.

F.Valentine Hooven, III
Beefcake,
Koln: Taschen, 1995.

三岛由纪夫，
刘华亭译，《太阳与铁》，
台北：星光出版社，1986。

哈里森·波普，
《猛男情结，男性的美丽与哀愁》，
台北：性林文化，2001。

我有我椅梦

一直寻找一把真正属于我的椅子，也就是说，一直在做着椅梦。

看来你也一样，坐过无数无数的椅子，正如睡过很多的床——有些人以为自己找的是一把可以坐得四平八稳的椅子，其实一旦依靠下去就赖着睡死过去，要找的其实是一张做梦的床。

也许你我都清醒，一边坐一边提醒自己：一把椅子除了功能性地承托起四肢身躯连一个脑袋，让我们可以工作可以歇息外，椅子也是历史的、人文的、社会的、创造的、想象的，椅子有它的形，更有它的神。一把椅子载负的可以是上下千百年连绵不断的集体创作故事——从来没有一把椅子可以独立生存，它们都同属于一个深晓承传发扬的家族，无数设计师、生产者，点点滴滴地研究琢磨，付出惊人的心力和时间。我们一屁股坐下去，原来都那么伟大。

认识椅子，就像交上性格截然不同的朋友，你得好好坐下来，仔细端详，抱膝谈心，进一步抚摸躺卧（看你交友的能力与野心！），然后吐出一句：噢，我喜欢。

你喜欢的是1903年Charles Rennie Mackintosh为苏格兰格拉斯哥（Glasgow）杨柳茶室（The Wilow Tearoom）量身订造的天梯靠背椅，这张有强烈日本建筑和艺术风格的高椅真叫那一群贵族仕女下午茶八卦也坐得格外优雅。然后隔岸欧洲大陆奥地利维也纳有Josef Hoffmann的大方典雅的椅柄弧度，1904年他为Purkersdorf疗养院设计的一批干净利落的餐桌单椅与1905年为Cabaret Fledermaus舞厅设计的一批轻巧愉快的单椅相互呼应，仿佛都在歌颂生命的强韧弹力。接下来是大师出场，Ludwig Mies van der Rohe经典巴塞罗那单椅，由罗马帝国地方法官宝座造型演变出来的这张精钢与皮革的组合，华贵又现代，难怪自1929年面世以来复刻生产无数，成为建筑师设计师的指定收藏。而不相伯仲的有Le Corbusier在1928年主导设计的编号B306躺椅，划时代的弧形钢管连脚座承托起经人体工程学仔细研究才定案的靠背，且按喜好自由调节浮动，从来稳占偶像经典首位。

当然你也会被法国设计传奇Jean Prouve早在1924年的未来主义造型吓一跳，会被Gerrit Rietveld几片木板巧妙聪明地组合成的Zig-Zag Chair所吸引，然后你更欣赏美国设计界的经典夫妇档Charles & Ray Eames设计的一系列用玻璃纤维倒模做座位然后配上细钢管做放射状结构椅脚的作品，当中最触目的当然是1948年参选纽约MOMA国际低成本家具大赛的La Chaise躺椅：纤维椅座如一片浮云，剪裁流线利落兼在当中有透气洞。如此一个超前卫的设计始终没有在当年入选生产，原因是成本太高！

接着你开始跟着设计师如芬兰籍的Eero Saarinen和丹麦的Verner Panton漫游太空经历斑斓奇特，他们分别设计的Tulip

01 微型版本的Panton Chair，其实比原大复刻正版便宜不了多少

02 偶像一屁股坐在偶像上面，乐坛天王Sting与设计天王天后（Charles & Ray Eames）的soft pad aluminium chair在一起

03　一千张经典椅子，新欢旧爱聚首一堂

05　一朝醒来发觉自己身在此椅中……

04　20 世纪初革命性的 Red/BlueChair，荷兰设计师 Gerrit Rietveld 的实验创作，深受当时 De Sijl（风格派）的影响

06　好好坐下，认认真真读一下椅子的设计发展史，又或者走万里路，跑到 Vitra Chair Museum 去取经

07　远道到 Vitra Museum，碰上大师 Verner Panton 的回顾展，走入七彩时光隧道

09　丹麦国宝级设计大师Arne Jacobsen的Egg Chair，躺得窝心

08　始终最爱的是千锤百炼简约至极的明代家具

10　建筑设计大师 Mies van der Rohe 与他设计的最为大众熟悉的 Barcelona Chair

11 瑞典年轻设计团队 Farner 的小铝椅，一对实用的书立

12 随书附送椅子专刊成为近年流行生活杂志的经常动作

系列塑料倒模桌椅和钢线结构加七彩椅垫 Wirecone 系列都是革命性的勇敢动作。及后 Panton 的 Pantower 系列更是自成起居躺卧小宇宙。当然你又会迷上 George Nelson 的原子几何结构、Robin Day 的英式平民亲切，而把北欧简约大家风范发挥得淋漓尽致的莫如 Arne Jacobsen 和 Alvar Aalto。

风起云涌的意大利设计界承先启后有太多显赫名字，热衷前卫实践的一众矢志从材料到造型结构挑战椅子的可能性，给椅子重新定义。近年贴身的还有 Rob Arad 不锈钢打造的胆色，Jasper Morrison 的利落小智慧、我行我素变变变的 Tom Dixon、有机流动的 Ross Lovegrove、太多太滥叫人又爱又恨的 Philippe Starck，酷得厉害的小王子 Marc Newson……相识遍天下，问一句，你对他们，实在认识多少？

如果他们都曾经在你的梦里先后出现，大抵这个关系开始不寻常。但说来朋友还是争取机会独处比较好，就像有一回从瑞士洛桑（Lausanne）几经周折搭错了几回车终于到了德瑞边境小城 Weil am Rhein，再走它半个小时的路才到了著名的设计圣殿 Vitra 椅子博物馆，Frank Genry 设计的造型结构厉害得不得了的一组纯白建筑物里面展览陈设的是上千把椅子的经典设计。倒忘了自己先天怕热闹，上千个

好友济济一堂把我的兴奋感觉都完全挤掉了，我只能站在博物馆门外隔着厚厚玻璃任人家派对，哭笑不得。

有天有夜有缘相见，还是单对单，你躺坐在他或者她里面，喝点茶，听听音乐，翻翻书，谈谈工作谈谈旅行，调剂一下生活。感觉舒服良好，然后知道，原来在同一时空里，不能滥交。接下来更发觉有了点年纪，从前那一伙前卫的激烈的争议性的朋友（包括自己？）都该送进博物馆，留在身边的该是那些不太厉害不怎么有名的，比较亲近比较放松，就像你突然领悟到，没有一个梦是最完美的梦，重要的是每一个简单的梦都是一个平凡的贴身的关系——近半年我一直在找一张有头枕有脚承的可以坐下来好好看书然后睡去的躺椅，试坐过不下百张，还未找到但不着急，我想你会明白我的意思。

我知道，在我无数的并不小心谨慎的椅梦里，我始终留下一个上好的位置给自家的老祖宗，进场不分先后的是榉木夹头榫小条凳、紫檀有束腰瓷面圆凳、黄花梨透雕靠背玫瑰椅、铁梨四出头官帽椅、鸡翅木镶大理石圈椅……这是一个还未敢闯进的精深瑰丽的梦，有天发觉自己腰板够挺够直，居然气定神闲谈吐优雅，懂得珍赏线条美抽象美，明朝的梦还是留给明朝。

有椅，有梦。梦中有椅，椅承载梦。看来也不必太计较你做的是主流的还是另类的梦，不要太担心梦的品位高下和轻重，地心引力会把你自然地安放在椅子上，又或者梦中的你发觉自己可以进一步归真返璞，席地而坐，那当然是另一境界。

延伸阅读

Kries, Matthias, *Dimensions of Design—100 Classical Seats*, Weil am Rhein: Vitra Design Museum, 1997.

Fiell, Charlotte&Peter, *1000Chairs*, Koln: Taschen, 1997.

景戎华、帅茨平，《中国明代家具图录》，北京：中国林业出版社，1999。

Schleeedoorn, Iny & Judd Donald, *Furniture Retrospective*, Rotterdam: Museum Bcijymansvan Beuningen, 1993.

玩出个未来

正当要把第三份撒满辣椒粉咖喱粉、淋满浓浓番茄汁、切了段的烤得香脆肥美的德国香肠带着内疚地再干掉，还要灌下那杯超巨型的看来怎么也喝不完的啤酒时，我的手机忽然响起。

法兰克福午夜街头，算起来老家香港时间该是清晨，是谁起个老早有何急事？！电话那端是太熟悉的老友 Y，没有招呼问候，只是肯定了我人在德国，立即吩咐我替他买一盒 Playmobil 123 型号 6609。

大概要跟大家解释一下，Playmobil 是正牌德国出产的塑胶积木玩偶，自 1974 年正式投产以来，创造了上千个不同角色身份的不到三英寸的头手可以活动的小玩偶，从消防员警察医生护士到西部牛仔独眼海盗中古武士，上天入地路人甲乙丙应有尽有，当然更配套所有场景：建筑地盘、华丽宫殿、火车站飞机场、监狱、超市、度假海滩。Playmobil 的玩偶造型其实跟传统德国木头玩具一脉相承，圆圆的脸蛋有一点点笨拙，塑料颜色配得正好，没有艳俗之失。Y 的越洋指令不是第一次，这趟他要的是 Playmobil 的幼儿版，农庄主题，有牛羊猪猫狗还有农人一家三口，对，还有一棵树。这个版本在香港大概找不到，Y 总是心急地想要就要。忘了告诉大家，Y 今年 39 岁，独身，职业是跨国银行地区总裁，日理万机，这是他买给自己的又一盒玩具（难道要我送？！），他家里有超过三百个 Playmobil 的玩偶角色，主题场景超过五十盒。

Y 好此道，也不介意在熟悉的陌生的人前暴露喜好。有回到他办公室，简直就像走进 Playmobil 主题公园，

01　日本玩具生产商Medicom Toy主创人赤司龙彦的Kubrick积木玩具系列，成为玩具迷收藏炒卖的焦点

还以为自己误闯了玩具代理商的陈列室。他的下属每年给他生日送礼也真方便，讨他欢心只要有童心。我好像理所当然地明白Y为什么钟情于塑胶积木玩偶，身边也实在太多好友有过之而无不及，如果说这就是拒绝长大，我们也实在没有什么需要长大的理由。

有人独爱Playmobil，也有人死忠LEGO。这个经典的丹麦国宝级玩具品牌，再不是我们小时候红绿黄蓝几方有凹有凸的塑料积木这么简单。根据我身边一个每天都要溜上LEGO.com的好友H的全力推介，LEGO近年走的多元系列路线实在叫人刮目相看：婴儿系列固然全面出击，Duplo系列针对三岁至六岁年龄层的孩子，Jackstone系列有工地万能勇士讨好小男生，Belville系列挑战芭比的小女孩市场。热得连塑胶也差点熔掉的有Harry Potter（哈利·波特）LEGO版，打Steven Spielberg旗号的片场版也让大家过一下导演瘾，更不用说星球大战系列、迪士尼动画角色系列早已大受欢迎。厉害的是LEGO矢志高科技，早已走出简单积木概念，与电脑游戏软件配套。至于早已在丹麦、美国、英国和即将在德国出现的LEGO主题公园以及可以穿戴上身的LEGO Wear童装配饰，更明确显示主创人要把LEGO打造成另一个迪士尼。有空我

02　庞然大物大铁人，童年至爱，等了二十年才第一次抱在怀中

03　家有蝙蝠侠，一软一硬各领风骚

05　赫然发觉当年从缅甸买来的一尊木雕行僧，也算是 Action Figure

04　小小 playmobil 组合，发白日梦最佳良伴

06　一堆肌肉人物以类聚

07　太空船、战斗机，每个男孩的星空历险梦

09　还是最爱最原始最简单的 LEGO 组合

08　江湖险恶，还是跟玩具在一起比较轻松

10　Michael Lau 为 Tom.com 设计的一系列公仔，早已成收藏精品

11　一众设计新秀们不妨集中设计微型衣裤鞋袜首饰，原来也有市场

12　非洲的民族娃娃，手工精制造型独特也不示弱

真的要请教一下好友H，狂买狂玩LEGO跟他在学院里的历史人类学专题研究有什么千丝万缕的关系？他亲自指导的几个博士生是否也是LEGO迷？

爱玩爱收藏真的不是什么稀奇事，身体力行参与筹划创作玩具倒是近年潮流界的热门话题。不能不提短短两年间在日本玩具界异军突起，炒作得离奇厉害的Kubrick积木玩具。主创者是Medicom Toy的赤司龙彦，以向已故电影大师Stanley Kubrick怀念致敬为名，推出了身高约两英寸，头手脚皆可自由扭动的塑料积木玩偶。不要小觑这结构简单、比例有点蠢蠢的小玩意，赤司龙彦处心积虑的，可是连他自己也想不到的大生意。

1999年11月，Medicom向外界发表他们即将生产Kubrick，2000年4月正式公开发售的是以日本动画界轰动一时的猛片《新世纪福音战士》和《恶魔人》为主题的系列。凌厉的宣传精美的包装马上迷倒不可理喻的日本玩具迷，炒卖价在出售当天由原价新台币五百元暴涨三倍。Kubrick最聪明的是玩限量生产的游戏，也用越界合作与潮流人物、音乐、电影、展览、漫画、动画大搞互相炒作的关系：日本潮流教父藤原浩、井上三太的《东京暴族2》、拍卖网（EBAY）、乐队Balzac、

M.C.M.、电影《猿人袭地球》《死之习作》。手冢治虫的经典漫画以及横山光辉的《铁人 28》，甚至李小龙、刘德华，都先后有 Kubrick 版本，都成为疯狂收藏炒卖的对象。本来就不必理性的心头好，至此完全失控。

玩的是潮流，是意念，当中也不乏有极高的创意修养和背后的艰苦努力，驻守香港的身边好友 Michael Lau（刘建文），就是制作搪胶（空心软胶）玩具，从香港出发，在日本展览一鸣惊人，马上被 Sony 买下生产版权，配合其旗下媒体的动画、精品甚至电视游戏，迅速蹿红日本之后转回来在港台地区大热，此后更受欧美潮流杂志如 *The Face* 的广泛报道。凭 Hip Hop 滑板街头精神创作的 Gardener、Crazy Children 等系列，都是造型创新、制作异常精致的 Figure。（单看那不到一英寸的微型 Nike 球鞋就叫人咋舌！）

念设计插图出身的 Michael，一度也是香港艺坛的得奖新人，但他并没有“成功”地打进那个艺术小圈子，倒是凭一双手一股拼劲不眠不休地打出了另一番天地。在我看来，这是打破了高档艺术的神话，是把街头潮流文化紧扣青少年生活现实的一次胜利。在他的影响下，近年来在香港争相创作 Figure 玩具，而且有主题内容、有社会意义的新秀开始冒出，玩具不只玩玩而已，也有它推动创作的积极作用。

要玩的、好玩的实在太多，扭扭他或她的手脚，让他在面前来回跳动，陪她在想象的空间里驰骋飞翔，爱玩才不老；爱玩才会赢，才会有未来。

延伸阅读

Lavitt, Wendy, *The Knopf Collectors Guides to American Antique Dolls*, New York: Knopf, 1983.

www.Lego.com

www.playmobil.de

收拾心情

我的初恋女友念的是图书馆学。

据说，当年正在念大学一年级的她跟我分手之后，学业成绩依然一贯地好，继续磨炼她天赋的多国语言能力，以绝佳成绩完成第一个学位，接着再进修的便是图书馆学。

究竟图书馆学念的是什么我不大清楚，只是每当我面对家里那到处堆积如人高的上万册书籍报刊，着急地想找出曾几何时翻阅过的某一书页中的某一段资料某一幅照片，而又当然不知所终之际，额头正冒汗的我着实惦记当年的小女友。

如果我们还在一起，老实说，专业的她也不一定帮得上忙。当一本书一本杂志到手，你如何阅读吸收消化整理分类归档，完全是私事，完全是个人的努力和挣扎。

面对眼前的花团锦簇壮阔波澜，我只能继续冒汗然后深呼吸，告诉自己我依然坚强我没有放弃，我依旧不能自已地见好就买，从来贪心的我太容易为厚厚几百页巨著当中的一幅小插图动情，又会为日文、法文、意大利文杂志中一知半解的单词碰击起的胡思乱想而雀跃，买，都先买下：时装的、建筑的、时事的、饮食的、漫画的、旅行的、设计的、诗的、词的、电影的、音乐的、色情的、道学的、散文的、小说的、绘画的、摄影的……没完没了，总觉得在未来的岁月里始终有机会翻翻，会用得上会有收获，买书买杂志，是买一个希望。

然后烦恼就来了，先不提搬家有如移山填海工程浩大，就是要给每天进来的报刊新书找一个位置安放，再奢侈地冀盼某天能腾一点什么时间读一遍，简直是压力沉重的希望工程。林语堂先生在《我的书房》一文中悠闲地微笑着建议大家在家里大可把书报杂志随意安放，不必分类，“……给书分类是一门科学，不分类则是一种艺术……你的书房将永远罩上一块神秘而迷人的面纱，你永远不知道你会找到些什么……”对我来说，这太容易也太高档，一旦要找些什么，心急火起又骂又哭，我还是弃偶像之美意于不顾，努力寻找一个自救的方法。

学懂克制有点太苦，但总算开始比较严谨地选书，至于报纸和杂志，依然来者不拒的同时雷厉执行看一本“吃”掉一本的原则，“吃”的方法是边翻阅边解体，在车上在船上看一页撕一页，马上弃置那些广告篇幅和无关痛痒的内容，然后把随身携带的钉书机和胶纸拿出来，就地钉装粗略分类，然后回到工作室回到家中，马上把那些钉装好的和其他散页单张一一存档——对，我的生命中最重要最伟大的家具是悬挂式档案柜，文具店里我最熟悉的是悬挂式文件夹的尺寸、颜色、质地和价钱，消耗量极大的我已经被店长视为上宾，自动给我打九折。

01　荷兰设计师 Tejo Remy1991 年设计的“一堆”概念性抽屉组合，既幽默又深情

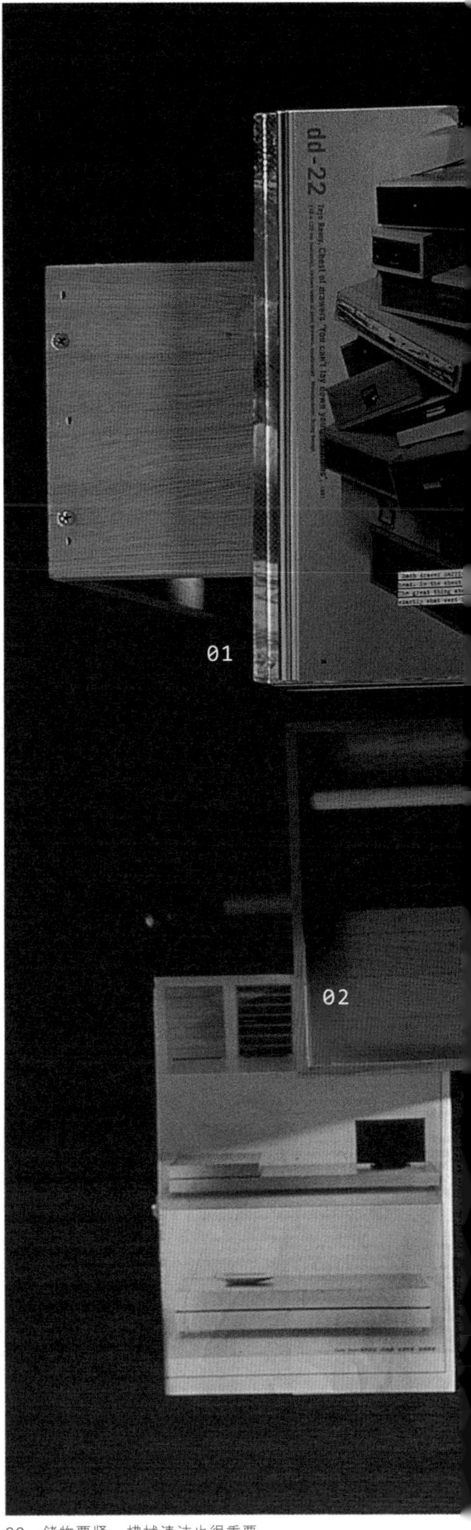

02　储物要紧，拂拭清洁也很重要

03 自家量身 DIY 的储物格式才最实际合用

05 原来只在办公室出现的古老档案钢柜，一下子成了潮流抢手货。崇尚功能与规格，百分之百现代主义

04 家里唯一一个首饰盒，里面没有钻石

06 风琴式纸皮文件夹，实而不华的好货色

07　如果世上没有了悬挂式档案文件夹，我的一生就悬在半空中

09　经验中，家里有越多储物空间也就越多无聊杂物出现

08　分类存藏得过分仔细，往往也就忘了东西放在哪里！

10　书架书柜里藏书永远都挤得满满的，不要问我已经看完多少本

11 储物纸盒，四边的那些金属保护角最稳妥最迷人

12 简单就是美，干净利落永远是一种理想追求

李渔生活于明末清初，大抵像悬挂式档案柜这等西洋器物还未发明，否则在他所著的《闲情偶寄》的居室和器玩部中，除了大力表彰抽屉橱柜的作用、箱笼箧笥的必要，一定会推崇这些从来都是灰灰绿绿黑黑的档案柜——不矫扭雕饰，不浮夸造作，有重量，够实在，功能挂帅，安全保险，而且重复的间隔有条理有节奏，培养你的工作规律，保护你的辛劳成果……以下删去不绝赞美一千五百字。

无论你用的是美国进口 Steel Case Inc. 的保用百年或以上的经典四抽屉档案柜，还是稍加修饰有 Art Deco 线条风格的美国设计师 Donald Deskey 的版本，甚至更普通的用自家本地钢具老店英记雄记在东莞设厂生产行销海内外的货色，老老实实都是档案柜。料不到的是近年档案柜竟然神差鬼使地爬上了家饰流行榜，挟后工业的风潮气势，借简约主义的光，档案柜正式从办公室跑回了家，从书房跑出了厅堂。潮流色杂志 *View on Colour* 早在 1993 年创刊三号以大字标题“bare & essential”介绍了荷兰女设计师 Mariet Voute 如何努力搜集 20 世纪二三十年代由一众无名氏设计生产的荷兰本地的经典档案柜，如何修复如何应用如何赞赏如何感动。近年响当当的意大利家具名牌 Cappellini 旗下主将 Piero Lissoni 年复一年设计的极受欢迎的

储物组合柜，无论高矮肥瘦，不管换了什么质材，其实都是档案柜的变种。受传媒一致看好的比利时建筑设计新晋 Maarten Van Severen 义无反顾走的是简约的路，毫不讳言档案钢柜是他的灵感源头，当中贯彻的是自工业革命以来包豪斯设计理论之后，不断深化的日用产品规格化平民化的崇高理念。然后友侪当中有前卫剧场大姐早把档案钢柜做衣橱，金牌美指创作总监新居入伙，厅房橱浴室清一色几十英尺档案钢柜，金银首饰纸碎杂物一并储存。走到街上，新开张的概念时装店更是乐此不疲地大量应用二手档案柜，用在铺后货仓也好，在店面直接陈列新货也妙，实在流行也流行实在。

如果你在香港某个离岛某个山上三更半夜看到某幢房子某层楼里还亮着那么一盏灯，那是我还在努力地把每天到处收集来的宝贝材料拼命地收拾归档；身体部细分有面孔、表情、坐姿、站立、动作、裸体（单人）、裸体（众人）、手脚、其他器官、骨骼、内脏……食物部细分有面、米、豆腐、蔬菜、海鲜、酱汁、香料、烧腊、汤、沙拉、餐厅、厨师、乳酪……我的身旁团团叠叠的是十几年来数千本中外期刊，已解体处理的，贴满标签贴纸的，还未拆掉包装胶袋的，请不要教导我把眼前的一切图文档案材料再重新一次输入计算机储存，我所依恋的还是那些黑白彩色印刷纸张，我所依赖的正是那一排又一排据说可以把千头万绪都妥帖安放的档案柜，白天黑夜一路收拾是投进知识海洋打捞一点什么之前的暖身，唯是暖身过程也够激烈够累，收拾了面前的一切之后再也收拾不了心情。

延伸阅读

View on Colour No.3.
Paris: United Publishers S.A..

www.theholdingcompany.co.uk
www.cabinetstorage.com
www.homestorage.com

www.tisettanta.it
www.besana.it

活在墙纸中

醒来，眼睁开，面前是七色五彩，是还在做梦吗？不，我想我的梦比较倾向黑白，偶然会有蓝，面前分明是现实。

人在哪里？赶快问自己希望问出一个清醒。肯定眼前是陌生环境，这趟已经出门两个星期，十四个晚上给五种截然不同的花纹颜色墙纸团团围困直逼入梦，开始受不了了。

看来是真的醒了，面前清清楚楚的是普鲁士蓝蓝成一片且均匀散落大大小小的金星，近天花处的环带还有黄色笑脸的半弯月亮，黄得有点突出。头顶天花是一个粉粉的蓝，难怪昨天晚上一进房就软绵绵地想睡——半睡半醒快速搜画这几晚分别有红绿粗条相间维多利亚女皇时代的浓重深沉，有 William Moris 式样的 19 世纪末英式花鸟图案，缠绕不清的枝叶一概是蓝蓝绿绿的调。也有不知是由哪一朝法国君主的徽号、盾牌、神兽组成的一大串纹样，红黄配搭整整齐齐排列在眼前，最夸张的是画有东方亭台楼阁山川景物的有如出口青花瓷器碗碟上的图案，都在四壁浮动，看来我暂时自费付得起的欧洲小旅馆的小房间，还是流行着上两个世纪的流行色和纹样。

没有太大成见，只是眼睛觉得有点花。也许是自小家里都靠海住，据说是怕潮湿的关系，四壁从来没有贴过墙纸，只是年复一年地刷上经典的湖水绿。后来有了自己的房子，开始了白墙世纪，装修师傅拿来调色票，白乳胶漆管叫雪中系列：雪中玫瑰雪中苹果雪中小麦雪中这样那样，各有所好反正都是白，刷上墙干净利落，都好，就再也没有墙纸的份儿。墙纸的生产和消费的确也在世界家居装潢材料市场中滑落下坡，被种种先进的油漆材料所取替。只是出门路过，也不介意三天两夜在人家的历史颜色中客串一下领会一番。这以为会在日常生活中逐渐引退的墙纸，竟然意想不到地以另外一种形式来一次强猛有力的回归。

墙纸回归，说的是响亮地就叫作*Wallpaper*的一本潮流生活杂志，1996年底在英国创刊，五年下来，风起云涌地叫杂志行内人争相追仿叫潮流一众赞美吹捧，连《纽约时报》也把当下最流行最时尚的人事形容作“very wallpaper”，人人都愿意，也仿佛就活在墙纸中。

杂志大名“墙纸”，副题是“The Stuff That Surrounds You”，摆明车马从上而下不分左右大包围，看准富裕的要炫耀要找认同，穷的要幻想要做梦，以服饰趋时俊男美女周游列国公干消闲猎食花费为主体，把设计、建筑、家居、旅游、饮食、时装、运动甚至园艺都括入囊中。比老牌经典女性杂志如*Vogue*，如*Harper Bazzar*，如*Elle*更中性更媚；比建筑设计行内的龙头大哥杂志如*Domus*，如*World of Interior*更活泼更刁钻更小道；比旅游杂志的中坚如*Traveland Leisuer*，如*Conde Nast Traveller*去得更远更偏更个人；比饮食杂志的主厨如*Saveur*，如*Food Illustrated*来得更轻巧更注重健康；也比街头潮流经典

01　20世纪五六十年代的墙纸纹样，如今重出江湖再度流行

02　标榜奢华，不敢苟同却也不妨看个究竟

03 他有他的墙纸，我有我的乳胶漆

05 芬兰设计“大姐大”品牌 Marimekko 的布料图案精彩大胆，挂帘装饰首选

04 俊男美女无忧生活，把假象包装成现实看来不太困难

06 如何能够历久弥新成为经典？是人是物也要争取这样的一种素质

07 已经离任的 *Wallpaper* 总编辑 Tyler Brûlé 是新一代杂志媒体的天之骄子

09 大量启用新一代插图师，*Wallpaper* 功不可没

08 浮华外表，翻开 *Wallpaper* 其实也有精彩的文章

10 翻开一本杂志一本书，常常会想该用什么类型的音乐去配合阅读——爵士？电子音乐？民族乐风？

11　喝光了脱光了，后事如何，下回分解

12　教导大家该如何生活的书成行成市，倒很有兴趣知道作者究竟真正如何生活？

如*The Face*或者*ID*来得更贵气炫耀更花得起，处处出击竟然场场告捷。有心而且仔细的读者在这几年内一直兴奋地看着潮流杂志间拳来脚往的大战，从编辑方向、题材内容、文字风格版面、摄影到插图的安排处理，都被*Wallpaper*的肆无忌惮勇往直前打乱了阵脚，加上时代华纳在1998年看准时势用一百六十万美元，买下了*Wallpaper*，更留任其创办人兼总编辑Tyler Brûlé，让他继续风骚领航，更有恃无恐地做想做爱做的事。除了杂志全球畅销，更有网上版本，还在每年4月的米兰家具展中与名牌赞助合办大型主题展览，1999年的Limitless Luxury和2001年的Urban Addition，都是把杂志平面立体化物化的成功实验，轰动一时。

当然有人会一脸严肃地批评 *Wallpaper* 这样的杂志轻浮表面得可以。在信念崩溃物欲横流的今日，为消费而消费已无意义无出路，但作为一个比一般多一点要求的读者，我倒愿意放松一点开放一点，先学懂佩服 *Wallpaper* 编辑团队的拼搏精神。花花世界天大地大，他们做得到在五湖四海广布线网，把一切和设计生活相关的都放到我们面前，软硬轻重甜酸苦辣任君挑选搭配吸收消化：莫斯科的高档时装店James 的生意额；黎巴嫩的电视新频道的节目巡礼；时装界传奇人物 Stephen Sprouse

为何会替 Marc Jacobs 打点 LV 品牌设计涂鸦手提包在德国 Dusseldorf 的港口发展大计；巴黎新开张的 James Dyson 吸尘机专卖店；在自家窗口种植意大利蔬菜和香料的简易方法；厚达五十五页的瑞士全透视专辑；塞浦路斯 Nicosia 机场里废置了二十七年的候机室；日本设计团队 Idee 如何凭 Sputnik 系列打入欧洲市场？澳大利亚雪梨的夜店正在播怎样的非洲节奏……如果你不只是翻翻书页看看漂亮图片，如果你耐心地看看文字内容，你还是会发现一个你不怎么熟悉的依然叫人惊喜的世界。

正正因为杂志就叫“墙纸”，这是当事主谋人一个处心积虑的黑色幽默吧！*Wallpaper* 的灵魂人物，今年三十二岁的加拿大籍集团总裁 Tyler Brule，自小就随足球员父亲辗转居停，先后读过十所小学的他从来习惯流徙饱尝孤独，及至大学选修新闻系中途辍学跑到英国当记者，更在派往阿富汗采访时被游击队枪击，以致一手重伤一手残废。从死神身旁走过的他不会不清楚生命的脆弱，而作为一个公开出柜的“同志”，他也明言因为极沉重的工作压力，被迫放弃一段又一段感情关系。花花的世界就正如墙纸那么表面，那么七色五彩，一手狠狠撕下来却叫你看得见背后生活的龌龊和时日的斑驳——然而我们都乐意一层又一层努力地贴上更美更好的，平面变成立体，虚拟当作真实，就像张曼玉在《花样年华》里面，一身艳丽绣花旗袍站在更艳丽的印花墙纸面前，物我交错重叠，人情世事活现，像纸一样薄。

延伸阅读

Wallpaper Magazine.

Pasanella, Marco, *Living in Style: Without Losing Your Mind*, New York: Simon & Schuster, 2000.

Hinchcliffe, Frances, *Fifties Furnishing Fabrics*, London: Webb & Bower, 1988.

Stephen, Bayley, *The Secret Meaning of Things*, New York: Pantheon, 1991.

生存制服

脱得一干二净，再把自己套进去，嗯，可以开始睡了——

那是年轻浪荡时期的往事：无虑无忧跨国穿州过省，路上住的都是青年旅舍，有的就在闹市中心车站旁的破旧老房子里，有的在偏远近郊某个树林里某条河边，因为年轻所以骄傲所以胆大而且不知哪来的力气，背包超巨型，里面几乎齐备所有家当：内外衣裤、鞋袜、炊具食器、收音机录音机随身听、雨具、电筒、牙膏牙刷、肥皂洗衣粉、参考书、地图、笔记本、画具、罐头、方便面、药包、乐器、指南针、闹钟、后备眼镜、万能小刀……还有没有遗漏的？对，这个很重要，申请青年旅舍证件的时候，办事处的胖叔叔千叮咛万嘱咐，这个“套”一定要放在行李背包里带着上路，到了各地旅舍进住时还要给当值人员检查，否则他们有权不让你进住——这是一个指定的“被套”，其实也就是一张简单的床单对折缝好呈长方形，枕头位置再反折一下，以便把旅舍的枕头套进去，申请证件付费的时候一并购买，并不鼓励自行乱来 DIY。走过去一看，颜色只有淡黄和粉红，没有我喜欢的灰蓝或者黑白，很勉强，没办法，知道往后路上好一段日子，夜里都要裸着被淡黄套着，心里很不是滋味。

究竟想出这被套点子的主事人，是怕我们的年轻身体弄脏旅舍提供的床单被褥，还是怕他们的床上用品不干净，有损我们的嫩滑肌肤呢？你防我我防你防不胜防，只好相信。预防胜于治疗，安全第一，保险保险。还记得那些酷热的、潮湿的或者是严寒的旅舍晚上，规定的关灯睡眠时间过后大房里交替响着来自五湖四海的陌生鼻鼾声。因为被日间的兴奋声色刺激得失眠的我，把自己套在薄薄的淡黄当中，竟然隐约有一丝回到家的安全与温暖，纵使对明天上路的去向还不很确定。

如此简单（而且不漂亮）的一张被套，既是功能的，又是心理的感情的，尤其是当你在休息的无防范的一个状态里，它赫然就像另一层保护的皮肤，求一点安心，原来我们的需求就这么原始。

这个被套如今不知放在家里衣柜的哪一层哪一叠，近年的行旅已经绝少入住青年旅舍，也不知为何就随便地相信现在经常勾留的那些四星五星酒店提供的被褥枕头真的是卫生干净，也许自知是应有的谨慎早已应对不了变异得实在超速和离奇的现实，所以也就半放弃地听天由命，唯有相信天生天养，好自为之。

相对这样消极懒惰的接受既定，身边也实在有一群积极主动去警惕提示、创新求变的设计者，研究发明种种衣食住行贴身生活相关产品，慎重的严肃的轻松的幽默的，都把随身上路适者生存的特性凸显。我们的身体本来就是一个流动的场所，如今更主动地被动地频密行走于五湖四海。在分析了解各种场合环境情况的安全保险需求的同时，也再重新认识自己的身体。关注自己的身体需求，也就是关注自身的

01　买来两卷临危不乱的胶带，案发现场最醒目

02　乱世中人人自危，日常服饰也大玩求生救命的元素

03　重型行军背囊是每日在都市森林中的经常装备

05　津村耕佑的服饰品牌叫Final Home，最后家园，一击即中一众危机意识

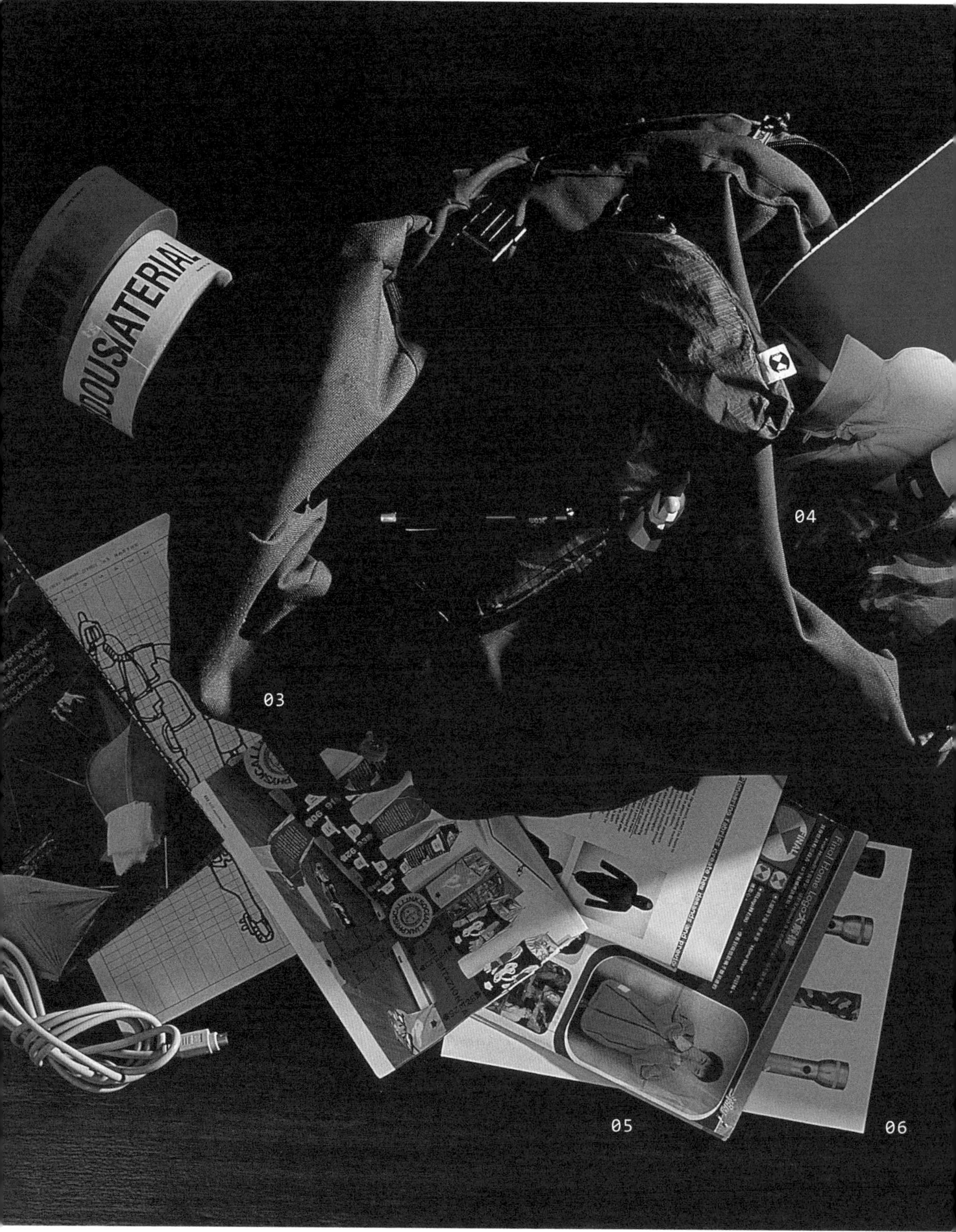

04　生存制服借题发挥，剪裁造型可以既实用又奇特古怪

06　你的背包中可有手电筒随身带?

07　不是战争狂，但也死忠军事用品——究竟是何心态请替我分析一下

09　Lucy Orta 是倡导百变生存制服的行动艺术“大姐大”，出得荒山野岭入得艺术殿堂

08　同坐一条船，能否一同从此岸到彼岸就看各自修行

10　三一万能侠六神合体，要生存就要如此武装自己？

11 新的物料新的功能配合反恐新时代

12 最实际，行军小水壶全天候随身带

当下存在和可能未来。

附有流通电话装备的夹克，可以上网发电邮听 MP3 音乐看视像资讯。Levis 早就与飞利浦电器共同研制推出了 ICD+ 服装系列。意大利的 CP Company 亦在 1997 年推出过连有防污染毒雾帽的夹克，参考了机场地勤人员的制服装备，也有连耳罩以及连手电筒的夹克分别防声音污染和方便夜行，更受瞩目的是可以用附带塑胶条子把雨衣撑成临时帐幕的一个广受欢迎的设计。

将长途旅程中睡眠用的充气枕头 / 颈套与夹克上衣连成一体，甚至裙子一坐下可以变成椅子是英国时装设计中坚分子 Hussein Chalayan 的聪明主意；Patrick Cox 已经致力于生产大量利用拉链、神奇贴作为连接并合方法的自行结构的衣饰。长短袖宽紧随意，随时变身，而这个就叫作 Pieces 组件的系列，更打算用自动贩卖机在各种公共场所交通要塞贩售。如果把三宅一生也拉下水，他的经典皱褶系列，五颜六色还有荧光有图案，也就是贴身适身随身的流行服饰先行好榜样。

驻守巴黎的有来自奥地利的设计师 Desiree Heiss 和德国的 Ines Kaag，两人创立的品牌 Bless，是近年备受媒体关注和受消费者欢迎的服饰 / 家用品设计组合。为古老椅子穿上一个半透明的塑料外壳，用新研物料为自己剪贴出一双便鞋，用刺绣圆框套紧防水布做成碗碟，是行旅中最灵巧方便的进食餐巾连餐具。更有各种披披搭搭的多功能布袋变成上衣变成裙变成裤。Bless 用的行销策略是限量订购的方法，也相应减轻了大批生产的浪费，很有支持拥护的一众。

既然是多功能，就当然脱轨越界，既是服装，又是家用产品、通信影音电器、家具……也因为实验创新，更以装置艺术、行为艺术之名发表在众多的艺术双年展上。来自英国的女子 Lucy Orta，是行内一致公认的百变生存制服“大姐大”，过去十年致力的是，把各种上天入地挑战体能极限的运动服、营幕装备、救生应急工具，一口气结合起来，所以穿上身的是一件衣服也是一个帐幕一个面罩一个工具箱，看起来怪怪的但却是完全实用的。Lucy 大姐更有心挑战大题目，关注的是环保、污染、难民营、示威游行，以至性别研究等社会话题，最叫人印象深刻的是一个行动概念作品，各个独立个体的“衣服”都有管道连起其他参与者，既有同甘共苦的意味，也实际地在严寒中“分享”了体温，个体的独立衣服帐幕也能组合成一大帐幕，你我不分。加上这些服饰本就没有男女性别分野，隐“性”忘我，说不定是新一波大趋势。

看起来还是有点夸张的生存制服，今天即使用不上，也难保明天你我不得不急急跑去买一套。三宅一生的大徒弟津村耕佑（Kosuke Tsumura），1997 年推出的 Final Home 系列，也就是大玩危机意识的求生服饰。取了“最后家园”这个厉害名字，大红大卖，集乐观和悲观、绝望和希望、危亡和温暖于一身，难怪成功如此。

延伸阅读

Bolton, Andrew, *Super Modern Wardrobe*, London: V&A Publications, 2001.

McNab, Chris, *20th Century Military Uniforms*, Kent: Grange Books, 2002.

www.Mag-lite.com

www.finalhome.com

今夜有光

笑容可掬的柜台服务员递给我房间的门匙，根据她的指示我提着行李上了二楼，走过窄长的走廊打开一重又一重防火防烟门，不知怎的我无论在哪里入住旅馆房间都拐弯抹角地在建筑物的尽头，常常有奇想这里根本没有我住的那一个房间号码。

“139”，开门进去，先把肩上手中的沉重卸下，靠走廊另一头微弱的光，我在房间里摸黑找灯的开关。明显地开关不在熟悉的门侧，床头灯地灯台灯就在眼前可是摸来摸去甚至拉起电线也没有开关，奇怪的是浴室里也找不着一个按钮。想无可想在打算拉开厚重窗帘让窗外市郊公路旁的疏落街灯照进来之前，我把电视遥控开关按下——一脸一身一室泛着冷冷的荧光蓝，也总算在蓝光之下，我在床头柜面找到了一个设计得过分精密的“总控制台”，超过二十五个按钮分别可以替你亮起左右床头灯、地灯台灯壁灯、镜灯走廊灯浴室灯，还有方便夜里上厕所的夜灯……赌气地把灯都开了，室内如同白昼，太亮的光把这个一点儿也不吸引人的百多平方英尺旅馆房间的所有家具装潢、颜色质材的缺点都暴露人前，我马上知道，其实我只需要亮起一盏床头灯。

我们也许太习惯活在灯光里面，而且往往是太多太滥的灯，叫我们对灯对光的那种细致感觉和应有的尊重珍惜都忘掉了。天未暗就亮起来的街头市面各式霓虹广告、商铺招牌，还有那争相做发亮市标的一幢又一幢超智慧型商厦，夜夜屹立争光。走在路上的我们都借了光，据说有了光城市才存在，一旦灯灭，你我都不见了。

灯光微弱的城市在势利的文明摩登排行榜上永远不被提名，但叫我留下最深刻印象的也就是这些城市的仅有的光：也门首都萨那（Sana），抵步进城的那一刻天已全黑，泥板叠成的阿拉伯传统建筑疏落地开着小小的窗，镶着精致彩色玻璃的窗透出室内微弱的光，有光就有故事，一下子把我们带进天方夜谭的神奇国度；还有是缅甸首都仰光没有街灯的摸黑夜市，叫人根本没法弄清摊贩摆卖的是什么货色，只有城中的佛教金庙圣地，彻夜灯火通明，虔诚信众络绎不绝，瑰丽壮观。更有柬埔寨吴哥古城的无灯无火的深夜，如潮游人早已离去，千年仙妖神佛雕像的面目也在夜色中模糊，闪亮登场的是满天的星……

活在城市之光中的你我已经拥有太多，灯光科技的精进和灯饰设计的刁钻已经太炫太亮。当照明已经不是目的，我们要求眼前一亮的是能够重新触动起心灵某处的某个遗忘光源，我们期盼的是能够用光述说用光沟通一些简单却又细密的心底悄悄话。我们需要身边有人能为我们亮这一盏灯——被推崇为“光之诗人”的德国灯设计家 Ingo Maurer，三十多年来的心血心思心事都寄托在灯火当中，一次又一次冒险地推翻建立又再推翻灯之定义：从一个至爱的光秃秃的钨丝灯泡出发，他为我

01 Light，轻轻的，光——同一件事，悄悄的又不一样

02 德国灯具设计大师 Ingo Maurer 的签名作，长了翅膀的光 Lucellino

03　雕塑大师野口勇的纸本灯具系列，早已成流行经典

05　儿时纸灯笼，最原始最简单最厉害的设计

04　创意不断，未来之光有赖新进设计师的努力

06　时光流转，相互驾驭与纠缠

07　床边案头，多年不离不弃的是意大利灯具厂商 Luce Plan 的 Constanzina

09　意大利设计界祖父级大师 Achille Castiglioni，优美典雅的示范作，Fucsia 系列最叫徒子徒孙拜服

08　瑞典女设计师 Harris Koskinen 的一砖玻璃冰灯，冷与热的诗意组合

10　日本女设计师 Masayo Ave 的海绵刺猬灯，新一代好玩创意

11 为什么灯泡会发亮？十万个为什么的初阶问答

12 日常便条满天飞，飞出一种装置效果，又是 Ingo Maurer 的好主意

们带来了出神入化的物料组合、想象无踪的形态比例，尖端的照明科技在他的摆布下有了生命有了诗意。

最为人熟悉的是面前一个有雪白双翼的腾空而起的灯泡 Lucellino，勾起众人蠢蠢欲动的想飞的念头；再望过去有五支浮在半空的蜡烛状灯管 Fly Candle Fly，向照耀前人喜怒哀乐的蜡烛奉上最高敬意；还有一堆打碎的白瓷餐饮碗碟堆砌成了最震撼雕塑般的吊灯 Porca Miseria，可以想象灯光之下那一桌饭局该是怎样的兴奋和热闹；当然同样厉害的有几十支长短不一极细钢线围绕光源以刺猬状悬空，钢线一头有夹子可以把情信把通告把备忘悬起，提醒大家灯光之下不忘不弃的大事小事；至于近年新作，直径十英尺或以上的超巨型半圆金属灯罩 XXL Domec，更是叫人纷纷议论的话题作品。

自嘲甘心愿意卖身给灯光为奴的 Ingo Maurer，直言他也享受黑暗，就像给包裹在厚被当中的感觉的确好。他也寓意深长地说到，比太阳比月亮还要光要亮的一盏灯，其实就是每个人心中应有的光，从微弱到灿烂，都该给自己时间和机会。他身体力行，以光引领光，也对光中前辈频频回顾致意；他花了好一段时间以上好和纸为素材，重新演绎日裔雕塑大师野口勇的经典纸灯座系列，也利用 hologramme 技术投射在塑料灯罩的灯泡幻影“where are you Mr. Edison”向爱迪生先生致敬。

每年的意大利米兰灯饰大展我都喜欢在 Maurer 的专题展览场中流连，在他的灯光创意概念中游荡。光影当中我们不是被动的观众，我们参与了演出，自由的演出自在的角色。Maurer 私下说过称他为诗人实在有点压力，他倒愿意做一个光之惑者（the seducer of light），我们有幸和他一起被灯诱被光惑，然后发觉，悬空的一个最原始最简单的灯泡，亮起来已经叫人心动。

延伸阅读

www.Luceplan.it

www.Artemide.com

www.sevv.com

www.erco.com

www.fontanaarte.com

后记

我想我是被宠坏了。

当我决定要为这本结集分为人时地物的二十八篇故事，各自拍一张“团体照”的时候，身边的其实比我玩得更疯更多古怪想法的平面设计师学弟浚良和那个从来不怕死的摄影师小包，完全没有异议，马上就动脑想方设法，如何把我的家变成一个摄影棚。

三天两夜几乎不眠不休，衷心感激这两位合作无间搭档的同时，我也第一次知道原本平日瞎嚷要简约的我，家里原来藏有这么一些乱七八糟的好东西，能够构建出自成生态的物像画面。当然也必须感激暂借出自己私家藏品叫私生活更加热闹的身边一众好友：清平、明明、千山、惠琪、伟新、国基、燕妮、凡、Wagne、Dennis……同好同道又各自精彩。

翻着那一叠测光试验的拍立得，对照原文再编写图说和延伸阅读部分，想起的是年前开始动笔写作这一批专栏文章的情景，在此实在感激催生了这批作品的怡兰小姐、裴伟先生，也感谢大块文化一直以来的鼓励和支持。

一直在身边忍受我的挑剔和多变的设计搭档千山，牺牲了整整两个星期的十四个午后和晚上，为此书做最后的版面制作完稿，打断了他上健身房的每日指定锻炼，幸好体态未见走样。

我的既是指路明灯又是尚方宝剑的好兄弟H，我的日常生活的总设计师、总工程师M，话就不必多说了，让我们好好地吃一顿吧。

真的，我是被宠坏了。

应雾

二〇〇二年十一月

Home is where the heart is.

01　设计私生活

定价：49.00 元

上天下地万国博览，人时地物花花世界，
书写与设计师及其设计的惊喜邂逅和轰烈爱恨。

02　回家真好

定价：49.00 元

登堂入室走访海峡两岸暨香港的一流创作人，
披露家居旖旎风光，畅谈各自心路历程。

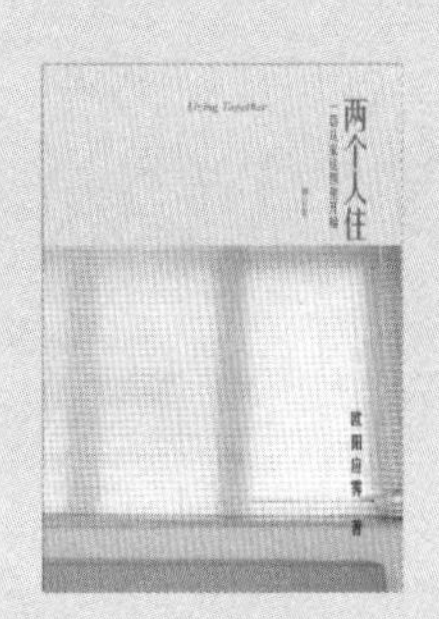

03　两个人住
一切从家徒四壁开始

定价：64.00 元

解读家居物质元素的精神内涵，
崇尚杰出设计大师的简约风格。

04　半饱
生活高潮之所在

定价：59.00 元

四海浪游回归厨房，色相诱人美味 DIY，
节欲因为贪心，半饱又何尝不是一种人生态度？

05　放大意大利
设计私生活之二

定价：59.00 元

意大利的声色光影与形体味道，
一切从意大利开始，一切到意大利结束。

06　寻常放荡
我的回忆在旅行

定价：49.00 元

独特的旅行发现与另类的影像记忆，
旅行原是一种回忆，或者回忆正在旅行。

Home 系列（修订版）1-12 ◉ 欧阳应霁　著

生活·讀書·新知 三联书店刊行

07　梦·想家
回家真好之二

定价：49.00 元

采录海峡两岸暨香港十八位创作人的家居风景，
展示华人的精彩生活与艺术世界。

08　天生是饭人

定价：64.00 元

在自己家里烧菜，到或远或近不同朋友家做饭，
甚至找片郊野找个公园席地野餐，
都是自然不过的乐事。

09　香港味道 1
酒楼茶室精华极品

定价：64.00 元

饮食人生的声色繁华与文化记忆，
香港美食攻略地图。

10　香港味道 2
街头巷尾民间滋味

定价：64.00 元

升斗小民的日常滋味与历史积淀，
香港美食攻略地图。

11　快煮慢食
十八分钟味觉小宇宙

定价：49.00 元

开心入厨攻略，七色八彩无国界放肆料理，
十八分钟味觉通识小宇宙，好滋味说明一切。

12　天真本色
十八分钟入厨通识实践

定价：49.00 元

十八分钟就搞定的菜，以色以香以味诱人，
吸引大家走进厨房，发挥你我本就潜在的天真本色。